여기 가려고
주말을 기다렸어

여기 가려고 주말을 기다렸어

기분과 취향 따라 떠나는
로컬힙 여행지 300

주말랭이 지음

빅피시
BIG FISH

👉 《여기 가려고 주말을 기다렸어》 책은

워얼화아수우목금퇼! 바쁘게 살아가는 우리에게, 주말은 짧지만 소중한 시간이에요. 일주일 내내 주말을 기대하면서 살아간다고 해도 과언이 아니죠. 그런데 '이번 주말에는 늘 하던 것, 쉽게 가던 장소에서 벗어나 새로운 경험을 해야지!' 하고 마음먹지만, 막상 방법을 찾다 보면 넘쳐나는 정보의 바다에서 헤맬 때가 많지 않나요? 그렇다면 이 책이 답을 찾는 것을 도와줄 거예요.

이번 주말은 무얼 하고 싶은 기분인가요?

이 책에 담긴 300여 곳의 장소들은 '기분과 감정'을 기준으로 큐레이션됐어요. 막상 다들 좋다고 하는 곳에 가보니 생각만큼 좋지 않았던 경험이 한 번쯤 있잖아요. 진짜 내가 원하던 경험이 아니었던 거죠. 다른 사람들이 좋다고 하는 곳 말고, '오늘은 이런 기분이야'라는 내 마음의 소리에 따라서 여행지를 선택해보세요. 마음이 채워지는 경험을 할 수 있을 거예요. 이번 주말은 지친 나를 위해 휴식을 하고 싶은가요? 그렇다면 '리프레시하고 싶어' 챕터를 펼쳐보아요. 초록 숲이 있는 수목원부터 리트릿 프로그램으로 나를 보살필 수 있는 숙소까지 준비되어 있으니 고르기만 하면 돼요. 아니면 뭔가 재미있는 일을 통해 에너지를 얻고 싶나요? '특별한 경험을 하고 싶어' 챕터에서 새롭고 즐거운 공간과 놀이들을 찾아보세요.

**취향이 없어 고민이거나,
반대로 좁고 깊은 취향이 고민인가요?**

《여기 가려고 주말을 기다렸어》와 함께 여행하다 보면, 나의 세계가 넓어지는 경험을 하게 될 거예요. 책에 담긴 장소들은 SNS에 올리기 좋은 핫플레이스부터 남쪽 끝 통영의 로컬 맛집까지 정말 다양해요. 친구, 연인, 혹은 부모님과 함께하는 여행을 제안하기도 하지만, 혼자만의 시간을 즐기는 방법도 소개하고 있죠. 다양한 상황에 따라 여러 경험을 쌓다 보면 내가 좋아하는 것이 무엇인지 새롭게 발견할 수 있을 거예요. 이 책을 통해 나만의 취향을 더 잘 만들어 나가길 바랄게요.
그리고 이 책은 친구에게 이야기하는 편한 말투로 쓰였어요. 가장 친한 친구가 나를 위해 진심을 담아 알려준다고 생각하며 읽어보길 추천해요.
이 책을 읽는 순간 즐거운 주말이 시작되길!

장소 선정 기준

✕ Trend ✕

동시대를 살아가는 사람들의 관심사와
라이프스타일을 최대한 반영했어요.
느림의 미학이 있는 촌캉스,
일과 삶의 균형을 위한 워케이션 장소
등이 바로 그곳!

✕ Identity ✕

고유의 스토리를 가진 장소들을
선정했어요. 자신에게 몰입할 수
있는 시간을 만들어주는 청음공간과
같이 말이죠. 각각의 장소가 가진
유니크한 매력을 만나보세요.

✕ No-Normal ✕

다른 매체에서도 쉽게 접할
수 있는 내용보다는 잘
알려지지 않았지만 매력이
넘치는 곳으로 선정했어요.
"우리나라에 이런 곳이
있었어?"라는 감탄이
절로 나올지 몰라요.

✕ Quality ✕

네이버 지도, 카카오 지도, 블로그,
SNS 등 다양한 플랫폼 내 평점과
리뷰를 꼼꼼히 확인하고 검증했어요.
소재에 대한 정확성 검토 외에도
누군가 불편함을 느낄 만한 곳은
아닌지 확인 등의 절차를 거쳐
선정했어요.

✕ No Ads ✕

광고는 없어요. 이 책을 만드는
과정에서 금전적인 어떠한 지원도
받지 않았답니다. 에디터들이 직접
가봤거나 가보고 싶은 곳들 위주로
사심을 가득 담아 직접 발굴했어요.

당신의 소중한 주말을 위한 뉴스레터, 주말랭이

코로나가 한창이던 2020년 8월, 집과 일터를 반복하며
지루한 일상을 보내던 친구들은 모여서 생각했어요.

"이번 주말에 뭐 하지?"

"코로나 시국에도 주말은 계속되고
우리는 이 소중한 주말을 즐겁게 보내고 싶은데,
누가 지금 할 수 있는 재밌는 놀 거리 좀 골라서 알려주면 좋겠다!"

우리는 그 서비스를 직접 만들어보기로 했어요.

주말랭이

MON TUE WED THU FRI SAT SUN

loading_

주말랭이는 일주일에 한 번, 주말에 하면 좋은 활동을 큐레이션해서 메일로 보내주는
뉴스레터입니다. 본업이 있는 3명의 에디터가 모여 사이드 프로젝트로 시작했어요.
일이 끝난 늦은 저녁에 모여 밤을 세워가며 뉴스레터를 작성하고, 거의 매주 레터를
발행하며 주말랭이를 알려 나갔습니다. 우리의 고민에 공감하는 사람들이 많았는지,
별도의 마케팅 없이 입소문을 타고 쑥쑥 성장하고 있어요.

주말랭이는 한겨레, 헤럴드경제, 경기콘텐츠진흥원 등 다양한 매체에서 주목할 만한
뉴스레터로 소개됐어요. 대학내일 20대연구소가 진행한 조사에 따라 'MZ세대가 많이
보는 뉴스레터'로 선정되기도 했습니다. 그리고 뉴스레터 평균 오픈율이 45.4%,
클릭률은 21%예요. 비슷한 규모의 뉴스레터보다 우수한 편이랍니다.
(업계 평균 오픈율 14.4%, 클릭률 2.3%, 출처: 스티비)

이 책은 주말랭이 구독자분들과 함께 만든 것이나 다름없어요. 애정 어린 피드백과
응원으로 주말랭이를 함께 만들어준 구독자 랭랭 님들께 무한 감사의 말을 전할게요!

🐾 주말랭이 구독자들의 팬심 가득 후기

매주 놀 거리를 찾는 주말랭이팀에게 구독자들의 응원 한마디는 큰 동력이 되어줍니다.
그간 구독자들이 주말랭이팀에게 전했던 소중한 의견들을 소개할게요!

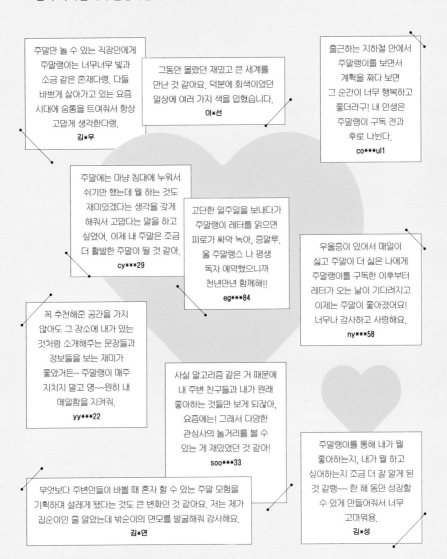

주말만 놀 수 있는 직장인에게
주말랭이는 너무너무 빛과
소금 같은 존재다랭. 다들
바쁘게 살아가고 있는 요즘
시대에 숨통을 트여줘서 항상
고맙게 생각한다랭.

김*우

그동안 몰랐던 재밌고 큰 세계를
만난 것 같아요. 덕분에 회색이었던
일상에 여러 가지 색을 입혔습니다.

이*선

출근하는 지하철 안에서
주말랭이를 보면서
계획을 짜다 보면
그 순간이 너무 행복하고
좋더라구! 내 인생은
주말랭이 구독 전과
후로 나뉜다.

co***ul1

주말에는 마냥 침대에 누워서
쉬기만 했는데 뭘 하는 것도
재미있겠다는 생각을 갖게
해줘서 고맙다는 말을 하고
싶었어. 이제 내 주말은 조금
더 활발한 주말이 될 것 같아.

cy***29

고단한 일주일을 보내다가
주말랭이 레터를 읽으면
피로가 싸악 녹아, 증말루.
울 주말랭스 나 평생
독자 예약했으니까
천년만년 함께해!!

eg***84

우울증이 있어서 매일이
싫고 주말이 더 싫은 나에게
주말랭이를 구독한 이후부터
레터가 오는 날이 기다려지고
이제는 주말이 좋아졌어요!
너무나 감사하고 사랑해요.

ny***58

꼭 추천해준 공간을 가지
않아도 그 장소에 내가 있는
것처럼 소개해주는 문장들과
정보들을 보는 재미가
좋았거든~ 주말랭이 매주
지치지 말고 영~~원히 내
메일함을 지켜줘.

yy***22

사실 알고리즘 같은 거 때문에
내 주변 친구들과 내가 원래
좋아하는 것들만 보게 되잖아,
요즘에는! 그래서 다양한
관심사의 놀거리를 볼 수
있는 게 재밌었던 것 같아!

soo***33

주말랭이를 통해 내가 뭘
좋아하는지, 내가 뭘 하고
싶어하는지 조금 더 잘 알게 된
것 같랭~~ 한 해 동안 성장할
수 있게 만들어줘서 너무
고마워용.

김*성

무엇보다 주변인들이 바쁠 때 혼자 할 수 있는 주말 모험을
기획하며 설레게 됐다는 것도 큰 변화인 것 같아요. 저는 제가
집순이인 줄 알았는데 밖순이의 면모를 발굴해줘 감사해요.

김*연

Contents
Contents

Contents
Contents

힐링 충전 여행

리프레시 하고 싶어

✦
눈부신 새하얀 아름다움
그림처럼 감탄을 자아내는 '겨울 스팟'

✦
지친 일상에 에너지 충전
계절별 싱그러운 기운을 담은 '제철 디저트'

✦
계절의 향기 가득한 밥상
제철 식재료로 건강한 한 끼, '팜투테이블 레스토랑'

TIP 여행 사진을 더 잘 찍고
추억하는 꿀팁 | 204

혼자 혹은 함께 떠나기
누군가와 함께하고 싶어

✦
나 자신과 함께
혼자 보내는 시간을 재미있게 하는 것들

✦
소중한 사람과의 반짝이는 시간
친구, 연인과 함께 가면 더 좋은 곳들

이 책을 보는 방법

× 리스트 체크

목차 장소명 왼쪽
체크박스에 가고
싶은 곳, 다녀온
곳을 체크해봅시다.

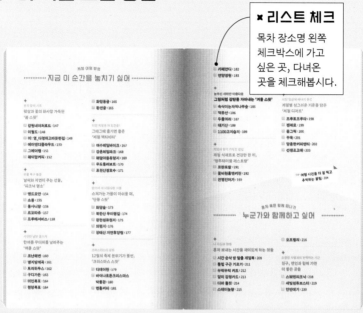

× 여행 유형 테스트

나는 여행할 때 어떤 스타일일까요?
타입별 여행지를 추천해드려요.

✕ 여행지 정보

주소 📍, 전화번호 ☎, 운영시간 🕐,
예약 ✅, 사이트 🔗, 인스타그램 📷 등을
안내했습니다. 현지 사정에 따라 변동될
수 있으니 가기 전에 꼭 확인하세요.

✕ 여행지 소개

주말랭이의 섬세한 시선으로
선정한 추천 이유와 해당 장소를
잘 즐길 수 있는 방법이 담겨 있어요.

✕ 장소별 꿀팁

여행 가기 전에 알아두면
120% 활용할 수 있는
꿀팁 🍯 들도 담았어요.

✕ 별면 페이지

본문 곳곳에
'전시·페스티벌 찾는 법'
'여행 사진 꿀팁' '특별한
여행 기록법' 등 차별화된
콘텐츠가 가득해요.

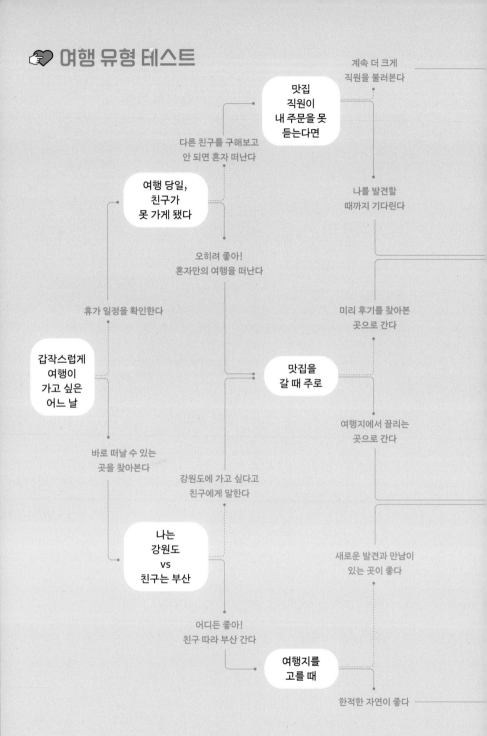

여행 유형 테스트

맛집 직원이 내 주문을 못 듣는다면

계속 더 크게 직원을 불러본다

다른 친구를 구해보고 안 되면 혼자 떠난다

여행 당일, 친구가 못 가게 됐다

나를 발견할 때까지 기다린다

오히려 좋아! 혼자만의 여행을 떠난다

휴가 일정을 확인한다

미리 후기를 찾아본 곳으로 간다

갑작스럽게 여행이 가고 싶은 어느 날

맛집을 갈 때 주로

여행지에서 끌리는 곳으로 간다

바로 떠날 수 있는 곳을 찾아본다

강원도에 가고 싶다고 친구에게 말한다

나는 강원도 vs 친구는 부산

새로운 발견과 만남이 있는 곳이 좋다

어디든 좋아! 친구 따라 부산 간다

여행지를 고를 때

한적한 자연이 좋다

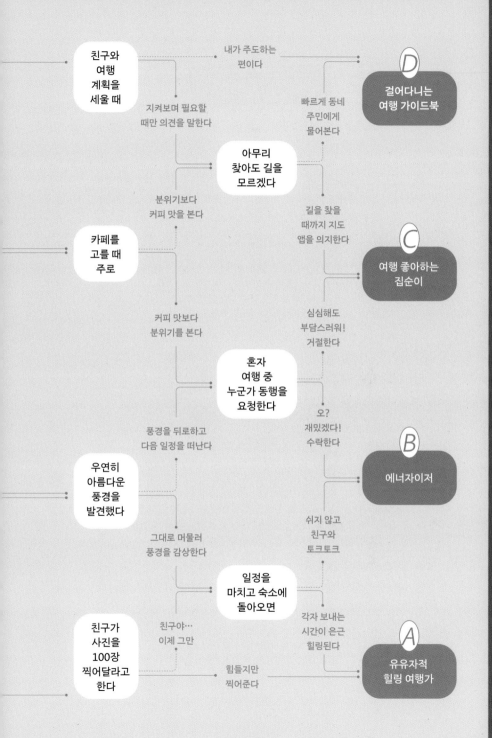

친구와
여행
계획을
세울 때

내가 주도하는
편이다

D

걸어다니는
여행 가이드북

지켜보며 필요할
때만 의견을 말한다

빠르게 동네
주민에게
물어본다

아무리
찾아도 길을
모르겠다

분위기보다
커피 맛을 본다

길을 찾을
때까지 지도
앱을 의지한다

카페를
고를 때
주로

C

여행 좋아하는
집순이

커피 맛보다
분위기를 본다

심심해도
부담스러워!
거절한다

혼자
여행 중
누군가 동행을
요청한다

오?
재밌겠다!
수락한다

풍경을 뒤로하고
다음 일정을 떠난다

B

에너자이저

우연히
아름다운
풍경을
발견했다

쉬지 않고
친구와
토크토크

그대로 머물러
풍경을 감상한다

일정을
마치고 숙소에
돌아오면

친구가
사진을
100장
찍어달라고
한다

친구야…
이제 그만

각자 보내는
시간이 은근
힐링된다

A

유유자적
힐링 여행가

힘들지만
찍어준다

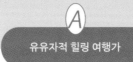

A 유유자적 힐링 여행가

벼락치기로 여행을 준비하는 편이에요. 늦게 예약해도 그럭저럭 괜찮은 숙소와
맛집을 갈 수 있거든요. '밥 먹고 디저트 먹어야지' 같은 계획은 큰 틀만 짜요.
그렇지만 그마저도 내 기분과 상황에 따라 바뀔 때가 많아요. 어차피 바뀔 계획이기
때문에 발길 닿는 대로 여행하는 편이고, 한적하게 여유를 즐길 수 있는 여행을
선호해요. 여행 중 하루쯤 숙소에 머물러 아무것도 하지 않아도 좋아요. 함께한
친구들이 무엇을 하자고 해도 호불호 크게 없이 다 좋아요.
하지만 일정이 너무 촘촘하면 지칠지도 몰라요.

추천
필요할 때 바로 찾을 수 있는 '도심 속 힐링' p.86
'지금, 여기'에 머물 수 있는 '힐링 숙소' p.136
시간이 느리게 흐르는 동네, '영월' p.314

B 에너자이저

즉흥적으로 떠나는 여행은 언제든 환영이에요. 무계획이 최고의 계획!
여행 중 어떤 신세계를 만날지는 계획할 수 없잖아요? 새로운 발견이나 만남이 있는
새로운 여행지를 좋아해요. 오늘 만난 사람도 10년지기 친구인 듯 금방 친해질
수 있거든요! 여행에서 사람은 다다익선! 나의 흥에 함께 장단 맞춰줄 친구들이
많을수록 더 신나요. 맛집만 가는 단조로운 여행은 거부할게요. 호기심을 충족해줄 수
있는 여행을 좋아해요. 서핑, 등산, 패러글라이딩 등 처음 해보는 액티비티라도 일단
하고 봐요. 에너지가 어디서 끊임없이 나오냐는 말을 자주 들어요.

추천
그때그때 즐기면 좋은 '제철 액티비티' p.166
한여름 무더위를 날려주는 '여름 스팟' p.159
친구, 연인과 함께 가면 더 좋은 곳들 p.217

여행 좋아하는 집순이

여행 계획을 세우는 동안, 떠나기도 전에 이미 여행을 한 번 다녀왔어요.
그만큼 계획을 꼼꼼히 세워요. 발품력이 좋아서 숙소 최저가를 기가 막히게 찾아요.
사람 많고 북적이는 곳보다 자연과 소소한 힐링이 있는 여행지를 선호해요. 호캉스,
촌캉스 등 숙소에 머무르며 쉬는 것도 좋아요. 친구들과 여행 계획을 세울 때 대체로
친구의 의견을 따르는 편이지만, 내가 하고 싶은 것도 은근히 많아요. 그래서 가끔은
혼자서 여행하는 게 마음 편해요. 친구들과 여행하는 게 즐겁지만, 숙소에서 각자
보내는 시간이 은근 힐링돼요. 돌발 상황까지 고려해서 짐을 싸다 보니 보부상이에요.
여행 중 종종 혼자만의 생각에 잠기고는 해요.

추천
마음 푸근하게 쉬다 오는 곳, '촌캉스' p.120
내 고민이 상대적으로 작아지는 '자연 속 건축명소' p.112
혼자 보내는 시간을 재미있게 하는 것들 p.208

걸어다니는 여행 가이드북

여행지에서 꼭 가봐야 하는 핫플레이스 도장 깨기 전문이에요. 숙소는 잠만 자는 곳!
숙소에 있는 시간이 아까워요. 하루를 꽉 채워 이곳저곳 알차게 돌아다녀야 하거든요.
플랜 B까지 있어야 비로소 여행 계획을 다 세웠다고 볼 수 있어요. 효율적인 여행
동선을 짜는 데 탁월해요. 그렇다 보니 친구들과 여행갈 때 어느새 숙소 예약부터
여행 코스까지 내가 다 짜고 있어요. 함께 여행가는 친구들이 든든해요.
가끔 친구들이 제 계획을 잘 따라주지 않을 때면 속상해요.
역마살 있는 거 아니냐는 말을 종종 들어요.

추천
술을 즐기는 사람은 꼭 가야 하는 '이색 바' p.62
계절별 싱그러운 기운을 담은 '제철 디저트' p.197
사무실 밖 리프레시, '워케이션' p.234

날씨별 추천 여행지

날씨 ✦ 맑음

넓은 잔디밭에서의 낭만

비채커피
'돗자리영화제'

400평의 푸릇한 잔디밭에서
돗자리영화제를 하는
비채커피. 청량하게 맑은 날,
솔솔 부는 바람을 맞으며
영화를 보는 풍경은 한 편의
영화 같은 장면 그 자체일 거야.
p.52

촌캉스와 북캉스를 한 번에

이후북스테이

영월 동강의 한적한
시골 풍경을 담고 있는
북스테이야. 맑은 날
시골의 평화로움이 배가
되는 곳이지. 이곳에 있는
강아지들과 동강을 산책하는
여유를 꼭 누려보길.
p.130

물고기와 함께 헤엄치며
스노클링 즐기기

코난해변

에메랄드빛 투명한 바닷물이
해가 날수록 더욱 투명해지는
코난해변. 속이 훤히 들여다
보이는 이곳에서 헤엄치며
아름다운 바닷속 친구들을
만나봐.
p.160

날씨 ✦ 흐림

셰프의 달달한 작품 세계로

문화시민서울

흐린 날씨에 몸도 마음도 축
처지는 것 같은 날 디저트를
작품같이 내어주는 곳으로
가보자. 예쁜 비주얼에 한 번,
달콤한 한 입에 한 번, 흐렸던
마음이 금세 충전될 거야.
p.57

내면을 위한 치유 서점

지금의세상

사람들의 소소한 고민,
그리고 주인장이 큐레이션한
25권의 책이 있는 치유 서점.
깜깜한 구름처럼 마음의
갈피가 잡히지 않는 날에도
이곳에서라면 포근함을 느낄
수 있어.
p.102

홍콩의 어느 계단 아래 숨은 바

소울보이

큰 스피커에서 흘러나오는
음악 소리, 마주 보고 앉은
계단에 오가는 사람들의
풍경, 맛있는 안주와 술까지.
어둑하고 아늑한 분위기를
이보다 즐기기 좋은 곳이
또 있을까?
p.280

날씨 ✦ 비

재즈에 심취하고 싶다면

디도재즈라운지

비 오는 날과 가장 잘 어울리는 음악 중 하나는 바로 재즈 아닐까? 자유로운 분위기의 재즈 라운지를 지향하는 곳에서 노래를 따라 부르고 호응하며 재즈에 흠뻑 젖어보자.

p.76

오래도록 함께하는 서적들

열화당책박물관

이곳은 지난 50여 년간 열화당 출판사에서 모아온 동서양의 고서부터 근현대의 문학까지 세월을 머금은 책을 둘러볼 수 있어. 비 오는 날 특유의 책 냄새와 함께 책 속에 풍덩 빠져봐.

p.293

영상과 음악에 빠져보는 시간

인현골방

비 오는 날에는 아늑한 공간에서 내가 듣고 보고 싶은 것을 즐기는 게 제일 좋지 않아? 편안한 리클라이너 소파, 대형 스크린, 좋은 스피커, 삼박자를 갖춘 곳을 소개할게.

p.32

날씨 ✦ 눈

크리스마스 분위기 물씬

바이나흐튼 크리스마스박물관

365일이 크리스마스인 곳이지만, 특별히 12월에는 크리스마스 마켓이 열려. 독일의 작은 광장 같은 분위기에 눈까지 내려준다면 온통 크리스마스 그 자체일 거야.

p.180

겨울은 고구마의 계절

선생조고매

달달 고소한 고구마 냄새가 기분 좋게 반겨주는 선생조고매. 고구마빵, 꿀고구마라테 등 다양한 디저트와 함께 눈 내리는 영도 바다 뷰를 즐길 수 있는 곳이야.

p.203

렛잇고~ 렛잇고~

속삭이는자작나무숲

이곳은 하얀 자작나무가 빼곡하게 모인 숲이야. 여기에 흰 눈까지 펑펑 내려준다면 눈과 나무의 경계가 없이 눈이 부실 정도로 새하얀 겨울 왕국을 만끽할 수 있어.

p.185

특별한 경험을 하고 싶어

미쳐 핫플 체험

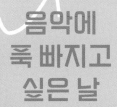

MU
sic
place

음악에
훅 빠지고
싶은 날

선물로 기억되는 추억, '청음공간'

음악으로 기억되는 순간들이 있어. 나중에
그 음악을 들으면 추억도 함께 재생되는
경험, 한 번쯤은 있잖아. 즐거운 순간에 좋은
음악과 함께할 수 있는 공간들을 소개할게.
CD 플레이어로, LP로, 또 라이브로 음악을
들으며 그곳의 추억을 저장해보자.

오로지 나 자신을 위한 시간
늘보의 작업실

온전히 나의 말을 들어주고 싶은 날이 있어. 나에게 집중하며 자유롭게 시간을 보내고 나면 복잡했던 마음은 정리되고 다시 나아갈 수 있는 힘이 충전되지.
제주시 구좌읍에 위치한 늘보의작업실은 이런 몰입의 시간을 가질 수 있는 특별한 공간이야. 보통의 바와 다르게 모든 좌석은 1인석이고, 4인석이 하나 있어. 테이블마다 놓여 있는 헤드셋과 CD 플레이어를 이용해서, 바의 한쪽에 진열된 음반 중 마음에 드는 것을 골라 들을 수 있어. 팝송, 피아노 곡, 지브리와 디즈니 애니메이션까지 다양한 장르가 준비되어 있는데, 음악적 취향을 강요하기보단 선택권을 주고 싶어 다채롭게 구성했다고 해.
마음껏 가져다 읽을 수 있는 책과 드로잉 도구들도 나에게 집중하는 시간을 도와줄 거야. 식사로는 파스타 등의 양식 메뉴를, 주종으로는 위스키, 와인, 코냑, 데킬라 등을 판매하고 있어. 칵테일과 샴페인도 있으니 무거운 술을 즐기지 않더라도 걱정하지 마.

📍 제주 제주시 구좌읍 종달로1길 36-1 1층
☎ 0507-1449-1111
🕐 수~월 18:00~23:00 / 화 휴무
✅ 인스타그램 DM 예약 (4인석 예약 필수)

📷 neulbo_space
📖 제주의 시골 마을에는 어둠이 한층 빨리 찾아오니, 마음 편하게 머무를 수 있도록 주변에 숙소를 잡는 것을 추천해.

100명의 사람들의 이야기가 있는
페이지스

누군가의 플레이리스트를 들으면 그 사람이 느끼는 감정, 취향 등에 대해 어렴풋이 느껴지는 것 같아. 좋아하는 노래를 주고받으며 공감대를 형성하고, 서로에 대해 알아가는 기분 좋은 경험. 아마 누구나 있을 거야. 성수동의 뮤직바 페이지스는 이런 경험을 그대로 느낄 수 있는 곳이야. 선명한 노란 문을 열고 들어가면 감각적인 인테리어의 페이지스가 나타나. 좌석에는 각자 다양한 이야기를 담은 100명의 플레이리스트와 헤드폰이 있고, QR코드를 찍으면 그 플레이리스트를 들을 수 있어. 플레이리스트에 담긴 사연과 함께 노래를 듣다 보면 마치 한 편의 이야기가 펼쳐지는 느낌이 들 거야. 나의 스토리가 담긴 플레이리스트를 적어내면 바에 있는 사람들과 함께 들을 수도 있어. 라자냐 등의 식사 메뉴와 안주가 골고루 있으니 음악과 함께 즐겨봐.

📍 서울 성동구 성수이로 75 2층
☎ 010-7300-5531
🕐 수, 목 19:00~24:00 / 금 19:00~01:00 /
　토 16:00~01:00 / 일 16:00~23:00 /

월, 화 휴무
✅ 인스타그램 DM 예약
📷 pages.grocery.bar

**내추럴와인과 음악에
빠져보자**

폼페트

금호동은 숨은 힙한 공간이 많은 보물 같은 동네야. 그중 폼페트는 빼놓을 수 없는 곳이지. 내추럴와인 바, LP 바, 라이프스타일숍을 합친 공간이 바로 폼페트야.
한쪽 벽면을 모두 차지한 와인셀러에는 내추럴와인이 가득 채워져 있어서 어느 곳보다 다양한 라인업을 만날 수 있어. 와인셀러에 적힌 가격은 와인을 구매해서 가져갈 때의 금액이고, 매장에서 마시려면 병당 20,000원의 콜키지 비용이 추가돼.
다른 벽면에는 LP와 빈티지 카세트 그리고 폼페트의 굿즈가 진열되어 있어. 주말에는 DJ 공연이 열리는데, 들썩들썩 모두 하나 되는 신나는 분위기를 즐길 수 있어. 또한 폼페트는 매달 'Monthly Mixset Selection'이라는 타이틀의 플레이리스트를 공개해. 폼페트의 음악 세계를 엿보고 싶다면 방문 전 들어봐도 좋겠어. 공연의 라인업과 플레이리스트는 모두 인스타그램에서 확인할 수 있어.
금호동의 낡은 골목에서 힙한 분위기 속에 빠지고 싶다면 폼페트로 가봐.

ⓘ

📍 서울 성동구 독서당로 285 지하1층
☎ 070-7677-2850
🕐 화~토 19:00~01:00 / 월, 일 휴무

✅ 인스타그램 DM, 전화 예약
📷 pompette_selection
🐾 반려동물 동반 가능

내 방보다
편한 뮤직 바
인현골방

을지로에서 조용하게 술과 음악에 취하고 싶다면? 고민 없이 뮤직 바 인현골방으로 가보자. 1인 1석을 제공하는 인현골방은 대화 없이 오직 음악에만 집중할 수 있는 공간이야. 일행과 함께 가도 되지만 각자의 자리에 앉아야 하고 소리 내서 대화할 수는 없는데, 음악에만 집중할 수 있는 환경을 만들기 위해서라고 해. 좋은 음향장비를 갖추어 질 좋은 사운드를 제공하고, 대형 스크린으로 음악과 관련된 영상을 함께 보여줘 음악에 흠뻑 빠질 수 있어. 좌석이 리클라이너 의자라서 편안한 시간을 보내게 될 거야. 특이하게도 신청곡 요청과 메뉴 주문은 모두 인스타그램 DM으로 이루어져. 술과 음악에 집중하는 공간이다 보니 배를 채울 만한 안주는 없어서 식사를 한 후 방문하길 추천해. 대신 간단한 안주와 칵테일, 위스키, 와인 등 다양한 주류 메뉴를 제공해. 서울 외에도 부산 광안리골방, 전주 객사골방, 제주 탑동골목 등을 같이 운영하고 있어.

ℹ️

📍 서울 중구 마른내로 60-1 2층
☎ 0507-1419-8720
🕐 월~토 17:00~01:00 / 일 17:00~23:00 /
   예약이 없을 경우 밤 11시에 영업 종료
✅ 네이버 예약

(예약 필수, 예약금은 메뉴 주문 시 차감)
📷 inhyungolbang
🎵 원하는 자리를 골라 앉을 수 있으니, 좋은
   자리를 원한다면 오픈 시간에 맞춰 가는 것을
   추천해.

**살아 움직이는 음악을
감상할 수 있는**

리홀뮤직
갤러리

음악마다 어울리는 스피커가 다르다는 사실, 알고 있어?
같은 음악도 악기마다 소리가 다르듯, 스피커도 장르에 따라
표현하는 소리가 다르다고 해. 리홀뮤직갤러리는 클래식, 팝,
재즈 장르의 음악을 가장 잘 표현하는 각기 다른 스피커로 곡을
감상할 수 있는 공간이야. 듣고 싶은 신청곡을 적어서 내면
그 곡에 맞는 스피커로 음악을 틀어줘. 단, 사장님이 50년간
모은 수만 장의 LP와 CD 중 내가 신청한 음악이 있을 경우에만
들을 수 있지. 내가 신청한 음악이 나올지 안 나올지 기다리는
순간도 재미있을 것 같지 않아? 이곳의 스피커는 진공관에
열이 가해질수록 소리가 따뜻해지고 깊어지는 진공관
스피커라고 해. 그래서 오픈 직후보다는 2~3시간 이후의
소리가 더 좋아. 스피커와 열에 따라 달라지는 소리라니, 마치
음악이 살아 움직이는 생명체인 것 같은 느낌이야.
10,000원의 입장료를 내면 생수 1병을 제공해줘. 온전히
음악 소리에만 집중할 수 있도록, 음료를 판매하지 않는다고
해. 매주 화요일과 매월 마지막 주 목요일에는 팝 강의가
열린다고 하니, 인스타그램 안내를 참고 바라. 이번 주말은
리홀뮤직갤러리에서 숨 쉬는 음악을 경험해보는 것, 어때?

ⓘ

📍 서울 성북구 성북로31길 9 3층
☎ 02-745-0202
🕐 화~일 11:30~20:50 / 월 휴무

◎ rheehallmusicgallery
💬 최신 곡보다는 1970~1980년대 곡을
   신청하면 노래가 나올 확률이 높아.

커피만큼 맛있는 차의 매력에 퐁당

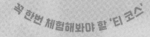
꼭 한번 체험해봐야 할 '티 코스'

커피가 맛있는 카페는 일상처럼
찾아다니지만, 차가 맛있는 찻집은 아마
잘 찾아가본 적이 없을 거야. 하지만
차는 커피만큼 다양한 매력이 있어. 차를
베이스로 만든 비주얼도 좋고 맛도 좋은
다양한 음료를 마시고 있자면 차의 변신은
참 무궁무진하다는 걸 알 수 있지. 그리고
향긋한 차 향을 맡고 있으면 번잡한 생각이
모두 사라지고 오직 그 순간에만 몰입하고
있는 나를 발견할 수 있을 거야. 이렇듯
커피만큼 매력 있는 차에 입문할 수 있는
찻집들을 알려줄게. 시즌마다 구성이
달라지는 티 코스와 좀 더 심도 있게 차를
배울 수 있는 티 원데이 클래스를 한 번이라도
경험한다면 금세 차에 빠져들 거야.

티 *tea* 케팅 필수인 곳

알디프
티바

차를 좋아하는 사람들 사이에선 이미 인기 있는 곳이야. 한 달에 딱 한 번 예약을 오픈하는데, 빠른 마감으로 티 *tea* 케팅이 필요할 정도야. 그럴 만한 게 이곳은 티 페어링이 아주 섬세한 곳이거든. 차와 다식을 페어링하는 것에 그치지 않고, 차에 어울리는 이야기와 음악, 플레이팅, 공간까지 페어링해. 그야말로 오감으로 즐길 수 있는 티 코스지. 코스로 제공되는 5가지 차에 각기 다른 이야기가 담겨 있는데, 이 이야기에 어울리는 플레이팅으로 음료를 제공해. 예를 들어 '색동과 단청'이 주제라면 붉은색과 초록색 등 단청에 사용된 색이 들어간 차를 내어줘. 또한 매 계절 달라지는 테마에 맞는 소품으로 매장을 꾸미고, 티 코스 플레이리스트를 따로 만들어 배경 음악으로 틀어줘. 티 코스에는 차뿐만 아니라 차를 베이스로 한 크림티, 칵테일, 밀크티 등 다양한 음료를 제공하니 오감이 즐거운 경험을 할 수 있을 거야.

📍 서울 마포구 와우산로35길 19
☎ 070-7759-5033
🕐 화~일 11:00~21:00 / 월 휴무

✅ 네이버 예약 (매월 둘째 주 화요일 오후 7시에 예약 오픈)
🔗 altdif.com

#diversity tea station

오므오트

가장 한국적인 티 코스를 경험하고 싶다면 오므오트를
추천해. 오므오트는 국내 로컬 프리미엄 티 브랜드로 오로지
한국에서 재배되고 생산된 차로만 티 코스를 구성해.
이곳의 티 코스는 '티 세레모니'라고 부르는데, 대용차,
잎차, 꽃차, 디저트 4가지 순서로 진행되며, 플레이팅
과정과 다도 퍼포먼스를 함께 볼 수 있어. 가장 한국적인 티
코스라고 한 이유는 단순히 한국 차를 제공하기 때문만은
아니야. 시즌별로 달라지는 테마부터 공간, 페어링까지
한국적인 요소로 가득하기 때문이야. 티 코스를 경험하는
동안 신비로운 국악을 들을 수 있는데, 이는 국악인들과
함께 시즌의 느낌에 맞게 만든 배경 음악이라고 해. 그뿐만
아니라 각 차마다 한국 공예가들이 빚은 다기를 페어링해서
유니크한 잔에 차를 즐길 수 있지. 픽토그램으로 티 코스
테마를 표현한 책갈피를 제공하니, 시즌별로 방문해
책갈피를 모으는 재미도 있을 거야.

ⓘ ....

📍 서울 성동구 서울숲2길 12 지하1층
☎ 0507-1307-9193
🕐 월, 수~금 12:00~20:30 /
　 토, 일 12:00~21:30 / 화 휴무

✅ 인스타그램 DM 예약
🌐 omot-omot.com
🎫 단품 이용 시 워크인 이용 가능

차 한잔과 느슨한 쉼
차완

강화도 높은 지대에 있어서 드넓은 서해를 한눈에 볼 수 있는 차완. 차완은 말레이시아어로 '잔', 한자로 풀이하면 '조금 느슨하게'라는 뜻인데, 이름처럼 차 한잔과 함께 느슨한 시간을 보낼 수 있는 쉼의 공간이 되길 바란다고 해. 이곳은 쉽게 접할 수 없는 동남아시아의 티와 강화의 다양한 특산품을 블렌딩한 퓨전 찻집이야. 주로 블렌딩 티를 판매하며, 다른 곳에선 맛볼 수 없는 차완만의 독특한 차 메뉴들을 즐길 수 있지. 인도식 밀크티인 향신료 향 가득한 차완짜이, 아쌈티에 강화 쑥을 블렌딩한 이색적인 밀크티인 다크모구엇트처럼 말이야. 이곳엔 티 코스 대신 매월 새로운 차 맛을 선보이는 월간 차완 티 세트 메뉴가 있어. 월간 차완은 예약제로 운영되어 미리 인스타그램 DM으로 예약해야 해. 재료가 소진되지 않았다면 현장에서도 주문 가능하다고 하니 한번 시도해봐.

📍 인천 강화군 화도면 해안남로 2297-16
📞 0507-1385-9502
🕐 수, 목, 금 10:30~19:00 /
　토, 일 10:00~19:00 / 월, 화 휴무

✅ 인스타그램 DM 예약
　(월간 차완 메뉴는 예약 필수)
📷 chachacha_chawan

✦

**고즈넉한 공간에서
맛있는 한 끼**

갤러리
더스퀘어
계동점

갤러리더스퀘어 계동점은 식사와 티 코스를 함께 즐길 수
있는 곳이야. 계절 식재료를 사용하여 시즌마다 메뉴가
달라지는데, 메뉴가 사전에 고지되지 않아 어떤 차와 음식이
페어링될지 은근히 기대하게 돼. 코스는 전식 2가지와 본식,
디저트 1가지씩 총 4가지로 구성되어 있고 90분간 진행해.
각 식사 메뉴에는 어울리는 차 또는 차가 베이스가 된 음료를
제공하고 있어. 차를 심도 있게 경험하는 것보단 맛있는
음식에 어울리는 차를 마시며 즐거운 이야기를 나눌 수 있는
곳이야. 북촌한옥마을 높은 곳에 있어서 큰 창 너머 그림 같은
한옥의 기와지붕 풍경을 보며 고즈넉한 시간을 보내기 좋을
거야. 2022년 4월 용산점을 새로 오픈했는데, 이곳에서는
차와 알코올 페어링 코스도 제공한다고 해.

📍 서울 종로구 계동길 128 201호
☎ 02-762-0205
🕐 매일 12:00~21:00 /
　 4타임 (12시, 3시, 5시, 7시)

✅ 캐치테이블 예약
📷 gallery_the_square

**푸른 바다를
배경으로 티 타임**

차덕분

영종도 구읍뱃터에 있어 푸르고 고요한 오션 뷰를 보며 차를
즐길 수 있는 차덕분. 차덕분의 공간 한편에는 '무언'이라는
숨은 다실이 있는데, 오직 예약 고객만 이 다실에서 티 코스를
즐길 수 있어. 다식과 차를 페어링한 4가지 차림으로
진행하기도 하고, 6가지 식사 메뉴에 4가지 차를 제공하는
티 코스로 진행하기도 해. 코스 메뉴판에는 예약자 이름까지
쓰여 있어 더욱 특별한 대접을 받는 느낌이 들어. 무언은
시즌제로 운영되어 그때마다 코스 구성이 달라지므로,
인스타그램에서 시즌 코스와 예약 오픈 공지를 확인해봐.

📍 인천 중구 은하수로 12 뱃터프라자 8층
　 802호
☎ 0507-1385-2486
🕐 월~금 09:30~20:00 /

　 토, 일 09:30~21:00
✅ 네이버 예약 (무언 시즌 기간에만 예약 오픈)
📷 thanks_to_mooun
🍵 카페 차덕분은 워크인 이용 가능

향기로운 꽃을 마시는

꽃차카페
고은

들어서자마자 은은한 꽃향기가 기분 좋게 반기는 꽃차카페고은은 꽃차 소믈리에 사장님이 직접 말린 꽃차를 맛볼 수 있는 곳이야. 여러 종류의 꽃차와 수제청으로 만든 꽃에이드가 준비되어 있어. 약 20여 가지의 꽃차가 있어서 선택하는 데 고민될지도 몰라. 그럴 땐 메뉴판에 적힌 효능을 보고 나에게 필요한 것으로 골라봐. 딱 1가지만 고르기 어렵다면 원하는 꽃차끼리 블렌딩할 수 있으니 여러 가지를 선택해 나만의 꽃차를 만들어봐. 이곳엔 꽃차에 곁들이기 좋은 식사 메뉴인 연잎밥 정식이 있어. 호두, 잣, 해바라기씨, 호박 등 건강한 재료를 가득 넣고 찐 연잎밥에 반찬과 국이 함께 제공되고, 원하는 꽃차 한 잔을 고를 수 있어.

📍 충북 청주시 흥덕구 오송읍 연제길 181-10
☎ 0507-1312-7246
🕐 월~금 10:30~15:30 / 토 10:30~18:00 / 일 휴무

✅ 전화 예약
　(연잎밥 정식은 최소 하루 전 예약 필수)
📷 flowercafe__goeun

**차의 세계로
입문하고 싶다면**

웅차

와인도 알고 마시면 다르게 느껴지듯, 차도 차에 대한 지식이 늘어날수록 더 깊고 맛있게 느껴질 거야. 차가 궁금하거나, 차 생활을 시작하고 싶은 사람에겐 티 코스보다 심도 있게 차를 배울 수 있는 웅차의 원데이 클래스를 추천해. 원데이 클래스는 총 3시간 동안 진행되는데 이론 수업과 실습 시간으로 나누어져 있어. 이론 수업에서는 차의 분류와 차를 생산하는 과정, 차 도구의 사용법 등 차에 대한 기본 지식을 배울 수 있어. 이론 수업임에도 전혀 지루하지 않고 아주 유익하고 재미있다는 후기가 많아. 실습 시간에는 6대 다류인 녹차, 백차, 황차, 청차, 홍차, 흑차를 발효도별로 차 도구를 활용해 직접 우려 마실 수 있어. 10가지가 넘는 차를 맛보다 보면 내 취향에 가장 맞는 차를 발견할 수 있을 거야. 가장 좋았던 차를 이야기하면 집에서도 즐길 수 있도록 샘플을 챙겨주는 섬세한 센스까지 겸비한 곳이야.

📍 서울 은평구 갈현로1길 7-1 1층
📞 010-2750-2571
🕐 화, 목, 금, 토 12:00~22:00 /
　수, 일 13:30~22:00 / 월 휴무

✅ 인스타그램 DM 예약
📷 woong_tea_

색다른 도전의 즐거움

뿌듯함과 성취감을 주는 '이색 클래스'

Unique
Class

주말만큼은 잘해야 한다는 강박에서 벗어나
색다른 도전을 해보면 어떨까? 뿌듯함과
성취감을 느낄 수 있는 이색 원데이 클래스를
소개할게. 선생님의 가이드를 받으며
사부작사부작 손을 움직이다 보면 잡다한
고민이 사라지고 정성이 담긴 나만의 작품이
완성될 거야. 막걸리, 맥주, 노트, 디저트,
가죽 케이스 등 세상에 하나뿐인 반려
아이템을 만들어보자.

**천천히 공들여
만드는 술**

술로우

막걸리를 직접 만들어보는 클래스가 있다는 걸 알고
있어? 감성적인 공간 술로우에서는 전통 방식의 막걸리
만들기 클래스를 진행해. 우리가 매일 먹는 쌀이 술이 되는
신비로운 발효 과정을 생생하게 경험할 수 있지. 전통주에
대한 유익한 지식은 물론 손으로 조물조물 술 빚기에
몰입하다 보면 세상 모든 걱정을 잠시 잊게 될지도 몰라.
약 2시간 동안 이론부터 실습까지 신선한 경험은 물론이고
특별한 추억이 담긴 사진도 남길 수 있어. 내 정성이 가득
담긴 반려주, 막걸리 1호를 만들어보자. 친구나 가족과 함께
클래스를 경험한다면 서로 빚은 술맛을 비교해보는 재미도
있을 거야.

📍 서울 강동구 성안로 47 101호
☎ 070-8064-5166
🕐 화~금 11:00~19:00 / 토 11:00~15:00 /

일, 월 휴무
✅ 홈페이지 예약
💬 soolow.kr

함께 만들면
더 맛있는 수제 맥주

아이홉
맥주공방

직접 만든 수제 맥주로 한 주 동안 수고한 나 자신을 위로해 볼까? 아는 만큼 더 맛있는 수제 맥주 만들기 클래스를 소개할게. 단순한 체험을 넘어 맥주가 만들어지는 원리 등 귀에 쏙쏙 들어오는 여러 상식을 배울 수 있어. 라거가 무엇인지, IPA는 뭐가 다른지 등 그동안 모르고 마셨던 맥주에 대해 눈이 뜨이는 재밌는 시간이 될 거야. 맥주를 끓이고, 식히고, 발효하는 과정을 거치면 나만의 수제 맥주 완성! 시중에 판매하는 맥주보다 더 달달하고 고소한 맛의 특별한 맥주를 만날 수 있어. 또한 클래스를 마치면 내 취향에 맞는 맥주를 고를 수 있는 능력이 생길 거야. 그동안 맥주 패키지만 보고 골랐다가 실망했던 경험이 있다면 이제는 걱정하지 않아도 될지도.

📍 서울 송파구 백제고분로 243 삼전빌딩 지하
📞 02-415-7942
🕐 월~금 12:00~21:00 /
　토, 일 09:00~21:00

✅ 프립 앱 예약
🔵 blog.naver.com/ihopbeer

수확부터 플레이팅까지

토토
아뜰리에

제주도에서 카페나 맛집 투어 말고 조금 더 특별한 추억을 만들고 싶다면 주목해줘. 창문 너머 바다와 한라산이 보이는 공간에서 베이킹을 경험할 수 있는 쿠킹랩이야. 이곳의 클래스는 음식에 들어가는 재료를 텃밭에서 고르는 것부터 시작돼. 예컨대 귤머랭파이를 만든다면 마음에 드는 귤을 직접 하나씩 따고, 로즈마리와 타임 등 데코레이션에 필요한 것들을 수확하지. 원하는 재료를 모두 고른 다음 각자의 자리로 돌아와 자리마다 놓인 태블릿 PC를 보면서 차근차근 따라 하면 돼. 계량된 재료들이 준비되어 있어 실패할 걱정이 없어. 선생님이 옆에서 안내해주시기 때문에 초보자도 어렵지 않게 멋진 완성작을 만들 수 있을 거야. 이곳에는 특별한 점이 하나 더 있어. 바로 체험하는 모든 과정을 전문 포토그래퍼가 DSLR로 사진을 남겨준다는 점. 제주 로컬 푸드를 활용해 요리도 하고, 인생샷도 얻어보자.

📍 제주 제주시 애월읍 고성북길 112
☎ 064-745-7676
🕐 화~일 10:00~18:00 / 월 휴무

✅ 네이버 예약
📷 thankstoto_atelier

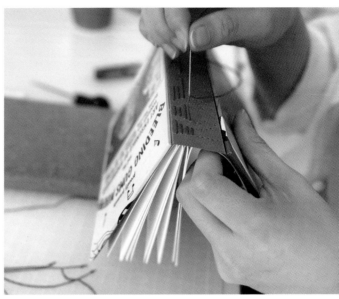

왓위원트
강동점

예쁜 노트를 보고 쉽게 지나치지 못한다면 내 취향을 담은
수제 노트를 만들어보자. 태국 치앙마이에서 건너온 실로
종이를 엮어 제본하는 북바인딩을 경험할 수 있는 곳이야.
최대 4명의 소규모 인원으로 진행되고, 작업하는 동안 마실
수 있는 웰컴 드링크를 제공해줘. 먼저 선생님의 설명을
듣고 내가 원하는 콘셉트에 맞는 표지와 실 색상 등을 선택한
후 내 취향대로 만들어갈 수 있어. 만드는 과정이 어렵지
않아 곰손이라도 거뜬히 가능하다고 해. 종이를 실로 하나씩
엮다 보면 잡다한 고민도 사라지고 오로지 현재에 집중하는
시간을 가질 수 있을 거야. 책등에는 영어 대문자, 숫자,
기호(별, 하트, 번개)를 활용해 나만의 이니셜을 직접 새길
수 있어. 정성을 담아 만들기에 집중하다 보면 어느새 나의
개성이 담긴 세상에 단 한 권뿐인 노트가 탄생할 거야.

📍 서울 강동구 성안로 90 102호
📞 0507-1351-1920
🕐 수~금 11:00~22:00 /

토, 일 12:00~19:00 / 월, 화 휴무
✔ 네이버 예약
📷 what.we.want_official

현대
모터
스튜디오

원데이 클래스를 더 가치 있게 즐기고 싶다면 이곳으로 가보자. 현대자동차가 '인류를 위한 진보*Progress for Humanity*'라는 브랜드 비전을 바탕으로 모빌리티 이상의 새로운 경험을 제공하기 위해 만든 브랜드 체험 공간이야. 서울, 고양, 하남, 베이징, 모스크바, 자카르타, 부산 등 7개 도시에서 각각 다른 주제로 운영되고 있는데, 공간마다 다채로운 전시 볼거리와 함께 일상에서 지속가능한 선택을 하는 데 영감을 주기 위한 고객 참여형 프로그램들이 있어. 특히 MZ세대의 관심사로 떠오른 가드닝, 비건, 디자인과 더불어 트렌드와 라이프스타일을 대변하는 다양한 주제의 프로그램들을 원데이 클래스 형식으로 진행하고 있는 중이야. 참가자들은 프로그램별로 해당 분야의 전문가로부터 지속가능한 일상을 실천할 수 있는 조언을 직접 얻는 뜻 깊은 시간을 보내게 될 거야. 더 자세한 소식은 공식 홈페이지와 인스타그램에서 확인 후 예약해봐.

ⓘ

📍 부산 수영구 구락로123번길 20 F1963
☎ 1899-6611
🕐 매일 10:00~20:00 / 매달 첫째 월 휴무
✅ 공식 사이트 예약 (사전 예매 필수)
🌐 motorstudio.hyundai.com

🏢 부산 외에도 서울 강남, 경기 하남, 경기 고양에도 스튜디오가 있어. 각 지점별 영업시간과 클래스 운영은 사이트에서 확인해줘.

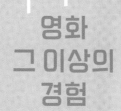

영화
그 이상의
경험

가보면 꼭 반하게 되는 '이색 영화관'

영화 <라라랜드>를 평범한 영화관에서
보는 것과 잔디밭에 돗자리를 깔고 풀벌레
소리를 들으며 보는 것은 분명 다른 경험이 될
거야. 이렇게 단순히 영화를 보는 것에 더해,
영화를 즐기는 공간까지 색다른 경험으로
만들어주는 곳들이 있어.
그 날의 기억을 특별하게 간직하게 해줄
이색 영화관을 소개할게.

◆

**루프탑 잔디밭에서
즐기는**

에무시네마
'별빛영화제'

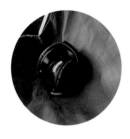

에무시네마는 서대문과 광화문 사이, 경희궁 옆 언덕에
있는 복합문화공간이야. 복잡한 도시에서 한 걸음 벗어나
또 다른 공간으로 들어간 듯한 느낌을 주는데, 이런 위치적
특성과 어울리는 독립영화를 주로 상영하고 있어. 북카페와
공연장, 미술관도 갖춰 조용하게 시간을 보내기 좋아.
매년 날이 좋은 봄부터 가을까지, 루프탑에서는 영화를
관람할 수 있는 '별빛영화제'가 개최돼. 그리고 신선한 바깥
공기를 마시며 헤드폰에 울려 퍼지는 영화 사운드에 오롯이
집중하다 보면 영화 속으로 들어간 기분을 느낄 수 있어.
소규모 공간이기 때문에 예매가 매우 치열하지만 계절이
주는 감각을 온전히 느끼며 영화를 감상할 수 있는 경험을
쉽게 포기할 수는 없지. 홈페이지나 인스타그램에서 예매
오픈 소식을 기다렸다가 도전해봐.

ⓘ

📍 서울 종로구 경희궁1가길 7
　복합문화공간 에무
☎ 02-730-5604
📷 emucinema

🖥 emuartspace.com
🎫 도착한 순서대로 원하는 좌석에 앉을 수
　있으니, 여유롭게 가보길 추천해. 빈백
　좌석을 차지할 수 있을지도 몰라.

**솔솔 부는 바람과 함께
맥주 한 잔**

대한극장
'씨네가든'

무려 1958년에 개관한 대한극장은 충무로 하면 떠오르는
영화관으로, 우리나라 영화의 역사를 담고 있다고 해도
과언이 아니야. 이곳에서는 매년 봄부터 가을까지 옥상의
야외정원에서 영화를 감상하는 '씨네가든'이 열려.
에무시네마와 비교해서 조금 더 큰 규모의 잔디밭에 좌석이
넉넉하게 마련되어 있고, 좋은 음질의 스피커로 영화를
즐길 수 있어. 티켓과 함께 커피, 맥주 같은 음료가 패키지로
구성되어 있는데, 영화 포토카드 등의 굿즈를 줄 때도
있어서 더욱 특별한 기념이 될 거야. 충무로의 대표
극장에서 영화를 관람하는 것만으로도 특별한 경험이 될
이곳. 이번 주말에는 시원한 음료와 함께 멋진 영화를
감상하러 가보자.

📍 서울 중구 퇴계로 212 대한극장   🔗 daehancinema.co.kr
☎ 02-3393-3500

아트나인
'시네마
테라스'

이수역 메가박스 건물 12층에는 독립영화관 아트나인이
있어. 아트나인의 '0관'은 좌석 양옆이 통창으로, 상영
전후에는 암막커튼이 개방되어 바깥 풍경을 감상할 수
있는 색다른 경험을 선사해. 레스토랑과 카페를 겸하는
'잇나인' 또한 사방이 통창으로, 탁 트인 공간에서
야경을 감상하며 분위기를 즐기기만 해도 좋은 곳이야.
영화 관람을 하지 않더라도 방문할 만한 가치가 있지.
이 공간에서는 비정기적으로 영화를 상영하는 '시네마
테라스'가 진행돼. 폴딩 도어로 창이 열리고 닫혀서
여름에는 시원하게, 겨울에는 풍경을 감상하며 영화를
즐길 수 있어. 시네마테라스의 예매는 네이버 지도의
'아트나인&잇나인'에서 가능해.

📍 서울 동작구 동작대로 89 골든시네마타워 12층
📞 1544-0070
✅ 네이버 지도 '아트나인&잇나인'

📷 artninecinema
💬 상영 스케줄은 인스타그램에서 확인할 수
   있어.

넓은 잔디밭에 앉아 낭만을 즐기는

비채커피 '돗자리 영화제'

충주의 비채커피는 400평의 넓은 잔디가 펼쳐져 있는 초록초록한 카페야. 밤이 되면 노란 알전구가 빛나며 마음을 설레게 해. 매년 3월부터 10월까지 이 잔디밭에서 돗자리를 펴고 영화를 감상하는 돗자리영화제가 열려. 매달 다른 주제의 영화들을 상영하는데, 말랑한 감성의 대만영화 모아보기, 지브리 위크, 할로윈 영화제 등 시기에 딱 맞는 라인업을 보여줘. 개인 돗자리를 가져가야 하고 카페에서 판매하는 간단한 음식을 먹으며 관람할 수 있어. 쌀쌀한 날에는 모닥불을 피워주지만, 바닥에서 올라오는 한기도 무시할 수 없으니 담요를 필수로 가져가는 것이 좋겠어. 반려견은 목줄 착용 시 동반 가능해. 겨울 시즌에는 카페의 2층에서 소규모 영화제가 열려서 아늑하게 영화를 관람할 수 있어.

📍 충북 충주시 노은면 솔고개로 737
☎ 0507-1314-3898
✔ 네이버 예약

📷 viche_coffee
🎬 영화 스케줄은 인스타그램에 공지돼. 영화제 외에 공연도 열리니 인스타그램에서 소식을 확인해봐.

✦

바다 옆에서 영화보기

메가박스
삼천포

바다 보러 영화관에 갈래? 메가박스 삼천포는
실안낙조해안도로에 있어서 통창으로 바다가 내려다보이는
영화관이야. 3관까지 있는데, 1관은 바다가 바로 옆에
있어서 뷰가 가장 좋아. 바다를 배경으로 멋진 사진을
찍을 수 있지. 3관은 좌석에 앉았을 때 정면으로 바다가
바라보이는 위치야. 전 좌석에 리클라이너 체어가 설치되어
영화 상영 전후 편하게 앉아 있다 보면 영화를 보러 온 건지,
바다를 보러 온 건지 헷갈릴 것 같아. 해 질 녘 상영하는
영화를 예매하면 노을 지는 사천바다를 볼 수 있어. 영화가
끝나고 커튼이 젖혀지며 눈앞에 나타나는 주황빛 하늘이
궁금하다면 메가박스 삼천포로 가봐.

ⓘ ....

📍 경남 사천시 실안동 1062
☎ 1544-0070

📷 megabox_samcheonpo

✦

**올드 시네마에서
고전 영화를**

헵시바극장

이태원에 있는 올드 시네마 콘셉트의 헵시바극장은 고전 영화와 와인을 함께 즐길 수 있는 특별한 공간이야. 옛날 영화의 한 장면에 나왔을 것 같은 고풍스러운 인테리어로, 스튜디오 및 파티룸, 촬영 대관으로도 유명해. 작은 스크린에서는 로마의 휴일, 레베카, 카사블랑카 같은 고전 영화를 상영하지. 좌석이 적고 프라이빗한 분위기여서, 와인을 마시며 영화를 보다 보면 나만의 작은 아지트에 들어온 듯한 기분이 들 거야. 작은 공간이기 때문에 주말에 가거나 3인 이상 방문할 예정이라면 예약하는 것을 추천해.

ⓘ

📍 서울 용산구 이태원로14길 29 2층
☎ 0507-1492-3141
🕐 수~일 17:00~24:00 / 월, 화 휴무
✅ 인스타그램 DM, 전화 예약
📷 hepcinema_official

🎬 매달 와인과 영화를 함께 즐기는 고전영화 동호회가 있는데 인스타그램 DM으로 신청할 수 있어. 크리스마스와 할로윈 같은 시즌에는 전체 대관이 가능하니 소중한 사람들과 프라이빗 파티를 해도 좋겠어.

**프라이빗한
우리만의 영화관**

후암거실

스트리밍 서비스에서 볼 수 있는 매력적인 영화와 드라마가
많은 지금, 꼭 영화관에서만 영화를 보는 시대는 지난
것 같아. 후암거실은 이런 트렌드를 반영해, 홈시어터가
갖추어진 나만의 공간을 제공해. 10명이 넉넉하게 앉을 수
있는 소파와 테이블이 있고, 창문으로는 남산 뷰가 보이는
프라이빗 영화관이지. 서라운드 스피커와 4K까지 지원하는
빔프로젝터로 영화, 드라마, 스포츠 등 원하는 모든 영상을
즐길 수 있어. 영상은 제공되지 않기 때문에 블루레이
디스크나 USB, 개인 OTT 계정을 준비해야 해. 그리고
간단한 음식을 가져가서 먹을 수 있어.

ⓘ

📍 서울 용산구 두텁바위로1가길 47 3층
　후암거실
📞 070-8839-6552
🕐 아침대관 09:00~13:00 /

　점심대관 14:00~18:00 /
　저녁대관 19:00~24:00
✅ 네이버 예약
📷 huam_livingroom

식탁 위를
꽃피우는
정성스러운 달콤함

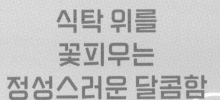

특별한 시간을 만들어주는 '디저트 코스'

스시 코스, 한우 코스는 들어봤어도
디저트 코스는 처음이라면, 평범한 날도
특별하게 만들어주는 디저트 코스가 있는
공간을 알려줄게. 어디에서도 먹어본 적 없는
남다른 맛과 눈을 사로잡는 달콤한 디저트를
코스로 만날 수 있어. 디저트와 어울리는
커피나 음료, 와인 페어링으로 색다른
경험을 선물해줄 거야. 매 계절마다 코스
구성이 달라지니 공식 인스타그램에서 미리
확인하고 예약하는 편이 좋을 거야. 일상이
반복되는 것 같다면 정성스러운 달달함에
기대어보자.

셰프의 달달한
작품 세계로

문화시민 서울

총 6석의 아담한 공간이지만 디저트에 대한 마음은 누구보다 진심인 셰프가 운영하는 곳이야. 코스당 총 4가지 디저트 메뉴가 나오는데, 바 좌석에 앉아서 셰프가 한 땀 한 땀 정성스럽게 플레이팅하는 과정을 직접 볼 수 있어. 코스 메뉴는 시즌별로 조금씩 달라진다고 해. 여름에는 참외를 주제로 한 디저트를, 겨울에는 따뜻하게 먹을 수 있는 브레드푸딩이 준비되는 등 말이야. 이외에도 호텔에서나 볼 법한 수준 높은 플레이팅을 만날 수 있어서 눈이 즐거울 거야. 디저트 코스와 함께 이곳의 시그니처 음료인 들기름 커피를 꼭 곁들여줘. 플랫화이트 베이스에 솔티한 크림을 얹고 들기름으로 마무리한 커피로 짭짤하고 고소한 맛이 일품이라고 해. 디저트 메뉴와 와인을 함께 즐길 수 있는 '노우즈안국' 지점도 있다고 하니 색다른 단품 디저트가 궁금하다면 참고해 줘.

📍 서울 강남구 강남대로62길 35 2층
📞 010-7237-5795
🕐 매일 12:00~21:00
💚 캐치테이블 예약

📷 cultural_citizen_seoul
🍴 들기름커피와 단품 메뉴(피낭시에, 마들렌)는 예약 없이 워크인으로 구매 가능

✦

**쌉쌀한 커피에
디저트 한입**

펠른

특별한 커피의 맛과 디저트를 경험해보고 싶다면 이곳으로
가보자. 차분하고 고급스러운 분위기 속에서 약 1시간 동안
펠른에서만 즐길 수 있는 3가지 음료와 3가지 디저트 디시로
구성된 코스를 만날 수 있어. 웰컴 디시를 시작으로 음료와
디저트를 페어링하여 3번에 걸쳐 제공되고, 마스터가 각
메뉴에 대한 스토리를 들려줘서 좀 더 섬세하게 맛을 느낄
수 있어. 코스 구성은 시즌별로 달라지는데, 한 번은 향긋한
휴식이라는 주제에 맞춰 아침-정오-새벽 시간에 따라
변화하는 꽃을 담은 코스를 진행한 적이 있어. 커피 대신
음료를 제공해주는 논카페인 코스와 위스키나 칵테일과
페어링하는 위스키 코스도 있으니 취향에 따라 선택해보자.
각 시즌별 코스 구성은 공식 인스타그램 계정에서 미리
확인하기를.

ⓘ

📍 서울 마포구 성미산로22길 18 A'동 1층 펠른　　✅ 네이버 예약
☎ 02-332-9287　　　　　　　　　　　　　　　　Ⓢ perlen.kr
🕐 매일 12:30~22:00

로맨틱한 하루가 필요해
10월19일

미슐랭 2스타 권숙수 출신 디저트 셰프인 박지현, 윤송이 셰프 부부가 운영하는 10월19일은 부부의 결혼기념일을 모티브로 만들어진 이름이야. 이곳에서는 계절을 담은 디저트 코스를 만날 수 있어. 무더운 여름에는 제철 복숭아와 초당 옥수수를 곁들인 메뉴를, 가을이면 호박과 무화과 등을 베이스로 한 디저트가 나오는 방식이야. 매년 사계절에 맞춰 어울리는 메뉴를 연구하고 선보이는 만큼 제철의 깊은 맛을 느낄 수 있어. 총 2시간 동안 사랑하지 않을 수 없는 비주얼의 5가지 디시가 나와서 든든하게 배를 채울 수 있을 거야. 커피, 차 이외에도 내추럴와인과 함께 페어링 해서 즐길 수 있고, 바에서는 셰프가 준비하는 모습을 실시간으로 볼 수 있어서 지루할 틈 없이 황홀한 시간이 될 거야.

📍 서울 서초구 반포대로3길 31 101호
☎ 010-9461-1906
🕐 수~일 12:00~20:00 / 월, 화 휴무

✅ 문자 예약 (최대 4인까지)
📷 songi_19oct

059

**과일로 즐기는
계절의 흐름**

더캄

디저트 코스는 서울뿐만 아니라 카페의 성지 대구에서도
만날 수 있어. 밝은 주황색 문을 열고 들어가면 1인 셰프가
운영하는 아담하고 깔끔한 공간이 펼쳐져. 테이블 사이의
공간이 넓고 좌석 수가 많지 않아 좀 더 여유롭게 즐길 수
있는 곳이야. 이곳에는 고구마, 망고, 토마토, 구아바 등
다양한 과일을 재료로 한 5가지 구성의 코스가 있어. 처음
경험해보는 이색적인 맛과 눈에 한가득 담고 싶은 비주얼의
디시들이 하나씩 나오는데 코스가 끝나가는 게 아쉬울
정도라고 해. 디저트에 곁들일 음료가 필요하다면 커피,
차 외에도 논알코올와인이 준비되어 있으니 취향에 맞게
주문해도 좋아. 분위기 좋은 곳에서 기분 좋은 달콤함을
느끼고 싶다면 이곳을 추천할게.

ⓘ

📍 대구 남구 성당로60길 90 2층
☎ 0507-1357-6225
🕐 월~토 11:00~20:00 / 일 휴무

✅ 네이버 예약
📷 thecalm_namsan

한국 전통 식재료의 변신

흐름
디저트바

비교적 저렴한 가격으로 한국의 맛이 담긴 디저트 코스를 즐길 수 있는 곳이야. 맛으로 계절의 흐름을 느끼는 공간이라는 의미로 당근, 사과 등 친숙한 우리 식재료를 재해석한 메뉴를 만날 수 있어. 그뿐만 아니라 '맞이', '가을 산'과 같이 디저트 이름이 한국어로 되어 있어서 더욱 친숙한 느낌이 들어. 코스는 총 2가지 종류가 있어. 부담스럽지 않은 가격으로 간단하게 즐기고 싶다면 3종 코스를, 좀 더 다양한 디저트 디시를 맛보고 싶다면 5종 코스를 선택하면 될 거야. 또한 재료 자체의 단맛을 이용하기 때문에 많이 달지 않을까 하는 고민은 잠시 내려놔도 좋아. 더불어 우리 재료를 이용한 전통주 칵테일도 준비되어 있으니 디저트와 곁들이면 여러 가지 맛과 향을 조화롭게 느낄 수 있을 거야. 소중한 사람과 함께 낯설지 않을 만큼 달달한, 특별한 디저트 코스를 즐겨보기를.

📍 대구 수성구 들안로16길 81 1층
🕐 화~일 12:00~20:00 / 월 휴무
✅ 인스타그램 DM, 카카오톡 예약

📷 dessert_heuleum
🍴 5종 코스는 예약 필수, 3종 세트는 워크인도 가능

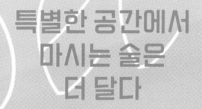

Special
Bar

특별한 공간에서
마시는 술은
더 달다

술을 즐기는 사람은 꼭 가야 하는 '이색 바'

술은 '어디에서 마시는가'가 맛의 8할을
차지하는 것 같아. 삼겹살집에서 마시는
맥주와 아이리시 펍에서 마시는 맥주,
노상에서 마시는 맥주는 술맛도 다르고 그
날의 기억도 달라지잖아. 종로에는 술맛에
특별함을 한 스푼 더한 바*bar*들이 많이 숨어
있어. 술을 좋아하고 그 분위기를 즐기는
사람이라면 도장 깨기를 하고 싶어지는
종로의 술집들을 살펴봐줘.

고즈넉함과 모던함을
모두 갖춘 한옥 바

산수인

매력이 다른 둘이 만나서 완벽한 시너지를 내기도 하는데,
한옥과 와인의 만남이 그런 것 같아. 한옥에서 마시는 와인
한 잔에는 고즈넉함도, 트렌디함도 모두 담겨 있지.
삼청동을 걷다 보면 발견할 수 있는 산수인은 깔끔하고
채광이 좋은 내추럴 와인 바야. 실내에는 작은 중정과 야외
풍경을 볼 수 있는 통창이 있고, 화이트와 우드 톤의 모던한
인테리어가 돋보여. 가볍고 달달하거나 상큼한 내추럴 와인이
많아서 기분 좋게 분위기를 즐기며 한잔하기에 딱 좋아. 매번
새롭게 들어오는 와인들은 산수인의 인스타그램에서 확인할
수 있어. 이곳의 음식은 한식과 양식이 조화를 이루고 있는데,
매콤한 낙지볶음페델리니면, 비프라구 등이 대표 메뉴야.

📍 서울 종로구 삼청로 86-2
☎ 010-4270-6318
🕐 수~금 17:00~22:00 /
토, 일 16:00~22:00 / 월, 화 휴무

✅ 캐치테이블 예약 (예약 필수)
📷 sansooin_seoul
🍷 와인을 테이크아웃하면 20% 할인된
가격으로 구매할 수 있어.

올디스 하우스

80~90년대 미국의 가정집 주방을 그대로 옮겨 놓은 듯한 빈티지 콘셉트의 와인 바 올디스하우스. 슥 둘러봐도 인테리어 장인의 손길을 거친 것 같은 레트로한 소품들과 디테일이 눈에 띄어. 오목조목 배치된 가구들, 벽을 빈틈없이 메우고 있는 장식들은 맥시멀리스트의 완벽한 공간을 보여주는 것 같아. 작은 공간이지만 테이블이 너무 가깝지 않아서 조용히 이야기를 나누기에 적합해. 이곳의 대표 메뉴는 파스타야. 파르메산치즈와 노른자로만 맛을 낸 정통 카르보나라, 시그니처인 리모네파스타 등 와인과 함께 즐기기 좋은 메뉴가 가득해. 주종은 와인과 싱글 몰트 위스키가 준비되어 있고, 주류 주문은 필수야. 1년 중 언제 가도 좋지만, 특히 크리스마스 시즌 방문을 추천해. 크리스마스 장식이 미국식 인테리어 특유의 분위기를 물씬 살려주거든. 공간이 매우 작고 테이블이 많지 않아서 필수로 예약 후 방문하길 바라. 예약 시간 10분이 지나면 취소되니, 여유 있게 갈 것.

◎ 서울 중구 수표로 58 2층
☎ 010-2136-8887
◷ 목~화 17:00~24:00 / 수 휴무

◈ 인스타그램 DM, 전화 예약
◉ oldieshouse

바참

요 몇 년간 전통주의 움직임이 심상치 않게 느껴져. 전통주라면 막걸리만 있는 줄 알았던 시대에서 벗어나, 마트에도 전통주의 종류가 늘어나고 전통주만 취급하는 브랜드도 생겼어. 바참*Bar Cham*은 이런 전통주의 다양화에 한 획을 긋는 칵테일 바야. '아시아 베스트 바'에 3년 연속 이름을 올렸으니 세계적으로 인증됐다고 할 수 있지. 한옥을 개조한 이곳은 전통 지붕인 서까래의 모양을 그대로 살려 실내에서도 한옥의 멋을 느낄 수 있어.

전통주 베이스의 다양한 칵테일을 표현한 메뉴 이름들 또한 참 재미있어. '포천' '청주' 등 우리나라의 지역명부터 '송편' '무화과나뭇잎' 등 맛을 예상할 수 없는 이름들도 있지. 칵테일을 주문하면 바텐더는 들어가는 재료를 설명해주고 칵테일에 담긴 저마다의 스토리를 얘기해줘. '봄날은간다'와 같이 음악과 연관된 칵테일을 주문하면 음악도 같이 틀어준다고 해. 오감으로 즐기는 칵테일이라고 할 수 있어. 칵테일마다 플레이팅이 다르기 때문에 새로 주문할 때마다 새로운 디자인을 구경하는 것도 하나의 재미야.

📍 서울 종로구 자하문로7길 34
☎ 02-6402-4750
🕐 수~월 18:00~01:00 / 화 휴무
✔ 캐치테이블 예약 (주말 예약 불가)
📷 bar.cham

📖 넷플릭스 <백스피릿>에도 방송되었고 웨이팅이 있는 편이니, 평일에 방문한다면 예약을, 주말에 방문한다면 오픈 시간에 맞춰 가는 것이 좋아. 평일 오후 6~7시 시간대에 최대 2팀, 한 테이블당 최대 인원 4명까지 예약할 수 있어.

잠시 일본에 온 듯한

스탠딩바
전기

투박하지만 진심이 담긴 공간을 떠올리라면 스탠딩바전기를 빼놓을 수 없어. 이곳은 우리나라 최초의 치노미야(선술집)를 표방하고 있어. 선술집은 말 그대로 서서 먹는 술집을 뜻해. 입장에 제한은 없지만, 35세 이상을 위한 공간으로 만들어졌어. 그야말로 어른을 위한 세계랄까? 일본을 직접 방문해 연구한 메뉴들로 구성되어 있는데, 계절, 시기마다 메뉴가 바뀌기 때문에 시즌마다 방문하면 색다른 맛이 기다리고 있을 거야. 스탠딩바 전기에서 음악은 음식만큼이나 중요한 역할을 해. 아담한 10평 남짓한 공간에 유럽에서 들여온 총 8개의 고퀄리티 스피커를 구비하고 있다는 점이 음악에 얼마나 진심인지 알 수 있는 부분이야. 좋은 음질로 흘러나오는 음악은 분위기를 한층 더 살려주지. 종종 디제잉을 하기도 하니, 운이 좋다면 신나는 순간을 함께할 수 있을 거야. 메뉴가 대부분 안주로 구성되어 있어서 혼술 하기에도 좋고, 2차로 방문해서 간단하게 한잔하기에도 좋아.

ⓘ

📍 서울 중구 수표로 42-19
☎ 070-8840-8000
🕐 화~금 18:00~24:00 / 토 18:00~23:00 / 월, 일 휴무

📷 standingbar_denki
🍽 방문 전 전화하면 스태프가 10분간 자리를 맡아줘.

나도 지구도
생각하는
시간

건강한 식경험을 할 수 있는 '비건 레스토랑'

이전에 맛보지 않았던 새로운 미식을
경험하면서 환경도 지킬 수 있는 식경험을
제안할게. 바로 비건 음식이야. 일주일에
한 번 채식을 하면 1년에 나무 15그루를
심는 효과가 있다고 해. 이렇게 지구를
생각하는 마음에 한 번쯤 비건을 시도해보고
싶었겠지만 멀게만 느껴졌을 거야. 그래서
비건이 어렵고 맛이 없을 거란 편견을 깨줄
비건 레스토랑을 소개해볼게. 논비건도
평소 먹던 음식처럼 맛있게 먹었다는 후기가
즐비한 곳들로 추려왔으니 비건 음식이
처음인 사람도 부담 없을 거야.
아니, 어쩌면 더 맛있게 즐길 수 있을지도?

**오늘 학식은
비건 메뉴로**

레이지
파머스

남산대학교 식물학과 입학을 환영해. 입학 첫날 학식을 먹지 않으면 아쉽겠지? 교내 식당 레이지파머스에서 비건 음식을 맛보자. 이곳은 남산대학교 식물학과라는 콘셉트로 운영하고 있어. 처음 온 손님은 신입생, 2회 이상 방문한 손님은 재학생으로 부를 정도로 콘셉트에 충실한 곳이지. 도서관, 재배실, 테라스 룸으로 공간이 나뉘어 있고 식물학과답게 책장 사이와 테이블마다 초록초록한 식물들로 가득 꾸며져 있어. 오래된 빌라를 개조한 곳이라서 회색 시멘트와 우드톤의 인테리어가 역사가 오래된 유서 깊은 학교 같아 보이기도 해. 파스타부터 후무스, 엔칠라다까지 다양한 메뉴가 준비되어 있고, 메뉴마다 코멘트를 쉽고 자세하게 써두어 처음 접하는 음식이라도 맛을 상상할 수 있어. 이곳에서 음식을 다 먹고 나면 아마 논비건도 이렇게 말할걸? 우리 동네 근처에 남산대학교 식물학과 제2캠퍼스 개교가 시급하다고 말이야.

ⓘ

📍 서울 용산구 회나무로35길 5 A동
☎ 0507-1419-6301
🕐 매일 11:30~21:30

📷 lazyfarmers2284
🐾 반려동물 동반 가능

아르프

'around plants'의 약자인 아르프*Arp*는 채소 요리를 누구나 쉽게 즐길 수 있는 식경험을 제안해. 이곳은 부산에서 핫플로 떠오르는 영도에 있는 만큼 외관과 인테리어가 서울 성수동처럼 힙한 분위기야. 식사를 시작하기 전 웰컴 티로 로컬 허브티를 내어주는데, 각기 다른 개성을 가진 찻잔에 주어 찻잔을 구경하는 재미가 있어. 메인 메뉴는 4가지로 단출하지만 모두 꽉 찬 맛을 가져 만족스러울 거야. 추천하는 메뉴는 아르프비건버거와 고사리파스타야. 식물성 고기로 패티를 만든 아르프비건버거는 비건 음식이라고 말하지 않으면 모를 정도로 맛이 풍성하다고 해. 고사리페스토를 넣고 볶은 파스타 위에 튀긴 팽이버섯을 한가득 올린 고사리파스타는 고소한 맛에 한 번 사로잡히고 쫄깃 바삭한 식감에 두 번 반할걸? 이곳의 시그니처인 쌀로 빚은 술, 라이스와인을 함께 곁들여도 좋을 거야.

📍 부산 영도구 태종로99번길 35 1층
☎ 0507-1342-1372
🕐 월~수, 금~일 11:30~20:00 / 목 휴무

✅ 캐치테이블 예약
📷 arp_kitchen

식사를 넘어
친환경을 몸소 경험하는

더커먼

제로 웨이스트 숍이자 비건 밀카페인 더커먼. 비건 음식을 맛보는 것을 넘어 지구와 함께 살기 위한 친환경 실천 방법을 전반적으로 경험할 수 있는 곳이야. 헌 동화책을 재활용하여 만든 독특한 메뉴판에서부터 사소한 것까지 세심하게 지구를 생각하고 있다는 게 느껴져. 샐러드와 카레 등 간단한 식사 메뉴와 스콘, 요거트 등 디저트와 음료까지 모두 비건으로 준비되어 있어. 종종 계절에 따라 새로운 메뉴가 등장하기도 해.

메뉴 주문을 마쳤다면 음식이 나오기 전까지 제로 웨이스트 숍을 둘러보자. 플라스틱과 불필요한 쓰레기를 줄일 수 있는 일상을 체감할 수 있을 거야. 리필 스테이션에서 화장품과 세제를 필요한 만큼만 덜어서 구매할 수 있고, 다양한 파스타 면과 향신료, 견과류 등을 가져온 다회용기에 소분하여 구매할 수 있어. 또한 액체를 고체로 가공해 플라스틱 포장이 필요 없는 제품을 판매하기도 하고, 이동 거리를 단축해 탄소 배출을 줄인 로컬 푸드와 제품을 소개하고 있어. 이렇게나 친환경 실천 방법이 다양하다니! 이곳에서 지구에 대한 진심을 느낄 수 있을 거야.

ⓘ ....

📍 대구 중구 국채보상로 741
☎ 070-8065-7795
🕐 화~일 11:30~20:30 / 월 휴무

📷 common.for.green
🐾 반려동물 동반 가능

정갈하게 맛있는
비건 한식

점점점
점점점

점점점점점점은 이름부터 인상적인 비건 한식당이야.
이곳은 공간에 비거니즘과 제로 웨이스트를 녹여냈다고 해.
모든 테이블과 의자는 자연친화적인 소재인 코르크와
용광로에 녹이면 언제든 재활용이 가능한 폐알루미늄 큐브로
만들어졌어. 불필요한 요소 없이 미니멀한 공간이 깔끔하고
정갈한 한식과 잘 어울리는 듯해. 앞서 소개한 비건 식당은
양식 메뉴 위주였는데, 이곳은 한식이 메인이어서 한국인에게
가장 친숙하며 입맛에 잘 맞는 비건 음식을 즐길 수 있어.
런치에는 6가지 코스 요리가 1인당 25,000원으로, 코스 요리
치고 비교적 부담 없는 금액으로 제공하고 있어. 가성비 있게
다양한 비건 요리를 맛보고 싶을 때 추천할게. 메뉴는 시기별로
조금씩 달라지고 있어. 런치에는 코스만 주문 가능하고,
예약제로 운영되어 워크인을 받지 않아. 디너에는 단품으로
주문 가능하고, 예약, 워크인 모두 가능해.

📍 서울 마포구 성암로15길 36 1층
☎ 0507-1318-5971
🕐 수, 목 11:30~16:00 /
　금~일 11:30~22:00 / 월, 화 휴무

✅ 캐치테이블 예약 (당일은 전화로 문의)
🌐 jumjumjumjumjumjum.com

채식 단계별로 도전하는
슬런치
팩토리

2012년부터 10년 이상 영업하고, 7년 연속 블루리본을 받은
비건 식당 슬런치팩토리. 이곳은 파스타, 리소토, 피자 등
이탈리안 비건식과 덮밥, 비빔면 등 한국 비건식, 크게 2가지
종류의 메인 음식이 준비되어 있어. 또한 비건 디저트와
음료까지 있어 후식까지 비건으로 즐길 수 있지. 메뉴는 채식
단계별 비건, 락토, 페스토로 다양하게 구성되어 있어서 비건
음식이 낯선 사람도 방문하기 좋아. 채식 단계가 무엇인지
몰라도 괜찮아. 메뉴판에 한눈에 알아보기 쉽게 그림으로
안내되어 있으니 말이야. 락토, 페스토 메뉴를 비건으로
변경할 수 있는 옵션도 있어. 추천 메뉴는 1인 한정 수량으로
판매하는 그린시금치뇨끼와 버섯들깨덮밥이야.

📍 서울 마포구 와우산로3길 38
☎ 02-6367-9870

🕐 매일 11:00~23:00
📷 slunch_factory

✦

**프렌치 요리로
즐기는 비건**

르오뇽

르 꼬르동 블루 출신 셰프의 프렌치 코스 요리를 맛볼
수 있는 파인 다이닝이야. 이곳은 페스코 베지테리언
레스토랑으로 육류는 사용하지 않고, 생선, 계란,
유제품까지 사용하여 식사를 제공하고 있어. 오직 채소로만
제공되는 비건은 부담되지만 비건 파인 다이닝을 경험하고
싶다면, 이곳을 추천해. 코스는 매월 새로운 메뉴로
바뀌어서 방문할 때마다 새로운 프렌치 요리를 접할 수
있어. 또한 오픈 키친이기 때문에 조리하는 과정을 지켜보는
재미도 있을 거야.

ⓘ

📍 서울 강남구 압구정로4길 13-4 1층
☎ 0507-1324-9187
🕐 월, 목, 금 18:30~22:00 /
　 토, 일 12:00~22:00 / 화, 수 휴무

✅ 네이버 예약
📷 l.oignon

비건 파인 다이닝

포리스트 키친

포리스트키친은 농심에서 운영하는 국내 최초의 비건 파인 다이닝이야. 코스의 시작부터 마지막까지 고기, 우유, 버터는 일절 사용하지 않은 비건 메뉴만 제공하는 파인 다이닝은 국내에서 포리스트키친이 처음이야. 메뉴가 나올 때마다 사용된 재료, 만들어진 과정, 먹는 방법을 상세하게 설명해준다고 해. 그래서 음식의 맛을 더 깊이 있게 느낄 수 있지. 채소만으로도 이렇게 풍부한 맛을 느낄 수 있다는 걸 이곳에서 경험하게 될 거야. 첫 코스는 드라이아이스와 작은 돌 위에 4가지 아뮤즈 부셰를 플레이팅하여 몽환적인 숲이 떠오르는 작은 숲 메뉴로 시작해. 아름답게 플레이팅 된 음식을 보는 즐거움은 파인 다이닝만의 묘미이지. 런치 기준 55,000원으로 파인 다이닝치고 합리적인 편이야. 단, 디너에는 와인 주문이 필수야.

ⓘ

📍 서울 송파구 올림픽로 300 롯데월드몰
　캐쥬얼동 29street 6층
☎ 02-3213-4626

🕐 매일 12:00~22:00
✔ 캐치테이블 예약
📷 forestkitchen.official

바이브 충만한 경험

한번 들으면 헤어나오기 어려운 '재즈 바'

재즈는 평소에 자주 듣는 대중적인 음악은 아니지만, 특유의 선율과 리듬에 한번 빠지면 헤어 나오기 어렵지. 재즈에 조예가 깊지 않더라도 음악을 좋아한다면 충분히 재즈를 즐길 수 있을 거야. 재즈 바에서만큼은 부끄러움은 잠시 내려두고 재즈 리듬에 몸을 맡겨보자. 현장에서 재즈 리듬을 라이브로 들으면서 맛있는 술과 음식을 곁들인다면 2시간 내내 눈, 귀, 입 모두 호강하는 행복한 경험을 하게 될 거야.

재즈 바 고르는 꿀팁!

ⓘ 선착순 착석인 경우가 많으니 예약 시간보다 조금 일찍 도착하기

ⓘ 일정 확인 시 트럼펫 등 원하는 악기 연주가 있는지, 보컬이 있는지 확인하기

ⓘ 매장별로 논알코올 판매 여부, 콜키지 여부 확인하기

ⓘ 보통 소정의 공연료를 따로 받으니 미리 확인하기

ⓘ 테이블마다 이용 금액 가이드가 다를 수 있으니 함께 체크하기

재즈 음악에
심취하고 싶다면

디도재즈
라운지

음악에 젖어 들고 싶을 때는 분위기가 재즈 그 자체인 디도재즈라운지로 가보자. 모던하고 고급스러운 골드&블루 조합의 인테리어로 이루어진 공간에서 오로지 재즈에만 집중할 수 있어. 입장하면 공연 티켓을 주는데, 바보다 재즈 공연에 무게를 두고 있다는 게 느껴져. 실제로 이곳은 자유로운 분위기의 재즈 라운지를 지향하고 있어. 단순히 재즈를 BGM으로 삼기보다 이곳에서 나눠주는 야광봉을 흔들기도 하고, 아는 노래는 따라 부르기도 하며 공연에 참여하는 관객이 되어봐. 공연에 무게를 두었다고 해서 음식이 부실한 건 아니야. 주류 및 음식이 다양한 가격대로 준비되어 있으니 맛있는 안주와 함께 공연을 즐길 수 있어. 예약을 하더라도 일찍 도착할수록 원하는 자리에 앉을 수 있는 선착순 방식이라 공연 시작보다 빨리 가는 걸 추천해.

📍 서울 광진구 자양로18길 56
☎ 070-8621-7869
🕐 화~금, 일 19:00~24:00 / 토

15:00~24:00 / 월 휴무
✔ 캐치테이블 예약
📷 dido_jazz_lounge

일반음식점
라이브 공연의 시초

천년동안도
낙원점

재즈 공연이 천 년 동안 계속되는 섬이라는 의미의
천년동안도는 1996년부터 365일 연중무휴 공연을 하고 있는
라이브 재즈 바야. TV 예능 <놀면 뭐 하니?>에서 유재석이
드럼 라이브 공연을 한 장소이기도 해. 일반음식점에서 밴드
공연이 불법이었던 당시, 국회 입법을 통해 일반음식점 공연을
허용하게 만든 곳이야. 그만큼 라이브 공연에 진심인 곳이지.
모던하고 세련된 분위기는 아니지만 특별한 밤을 보내기엔
충분해. 아담하지만 그만큼 오밀조밀하게 모여 음악인과
관객이 더 잘 호흡할 수 있거든. 또 자리마다 놓여 있는 은은한
양초와 풍성한 재즈 사운드가 분위기를 고조시켜 줘. 재즈
팀에 따라서 달이 예쁜 밤에는 달과 관련된 곡을, 비 오고 안개
낀 날에는 이에 어울리는 무드의 곡을 선곡하는 등 그날의
날씨와 분위기에 어울리는 노래를 연주해줘 더욱 특별해.
이곳의 대표 메뉴는 페퍼로니피자야.

ⓘ

📍 서울 종로구 수표로 134 2층
☎ 0507-1388-5562
🕐 매일 18:00~24:00

🌐 www.chunnyun.com
🗓 네이버 예약 시 인근 빌딩 주차장 3시간 무료.
천년동안도 종각 2호점도 있어.

**맛있는 안주에
곁들이는 재즈**

심야의숲

권주성 셰프의 이태원심야식당과 성수동 수제 맥주집 탭하우스숲이 함께 만나 심야의숲 재즈 바로 재탄생했어. 심야 식당의 시그니처 메뉴인 새콤하면서도 칼칼하게 입맛을 돋우는 이태원탕을 이곳에서 맛볼 수 있어. 이외에도 정통 아메리칸바비큐와 헝가리안스튜, 스위스감자전 등 다른 곳에서 쉽게 만나지 못할 메뉴들로 차별화되어 있지. 아마도 이곳은 안주가 맛있다는 호평이 가장 많은 재즈 바일 거야. 게다가 다른 재즈 바보다 음식 가격대도 합리적인 편이지. 안주를 더욱 맛있게 해줄 10여 가지가 넘는 수제 맥주를 다양하게 곁들여봐. 음식과 술이 맛있으니 공연도 더욱 즐겁게 느껴질 거야. 재즈 공연은 매주 수, 목, 금, 토, 일요일마다 진행하고 있어.

📍 서울 성동구 아차산로13길 2 지하1층
📞 010-4903-0724

🕐 월~금 16:00~03:00 /
토, 일 15:00~03:00
📷 midnight_suup_jazz

서울 안의 바티칸시티
바티칸

평일엔 칵테일 바, 매주 금, 토, 일요일엔 라이브 재즈 바로
변신하는 바티칸은 이름대로 바티칸시티 콘셉트로
만들어졌다고 해. 매장 곳곳에 다양한 벽화와 석고상이
비치되어 있어서 앤티크한 분위기를 자아내. 재즈 팀이
바뀌어 매번은 아니지만, 재즈가 익숙하지 않은 사람도
친숙하게 받아들일 수 있도록 사장님이 재즈 팀에
대중적인 곡을 포함해달라고 부탁하신다고 해. 그래서 다
함께 흥겹게 노래를 부르며 공연을 즐길 수 있어. 그리고
종종 음악인들이 트럼펫, 색소폰, 바이올린 등 악기를
들고 무대를 벗어나 테이블까지 나와 공연을 하기도 해.
주류는 칵테일, 위스키, 와인, 샴페인, 맥주 등 종류별로
준비되어 있어. 안주는 과일, 치즈 등 가벼운 것 위주이니
식사는 미리 하고 가길 추천해. 바 좌석, 2인, 4인
테이블별 주문 가능한 메뉴와 이용 금액 가이드가 정해져
있으니 홈페이지에서 확인해줘.

📍 서울 송파구 올림픽로32길 22-9 서정하우스　　🕐 매일 19:00~02:00
　　지하1층　　　　　　　　　　　　　　　　　　🌐 bartican.modoo.at
☎ 0507-1320-7816

아날로그와 모던의 만남
마이너스윙

마이너스윙은 낮에는 카페로 운영되고, 금, 토요일 저녁에는
라이브 재즈 바로 운영 중이야. 레트로 감성의 빈티지
소품이 많은 아날로그적이지만 모던한 감성도 놓치지 않은
인테리어가 멋스러워. 보통 재즈 바는 서울에 주로 모여
있는 편인데, 이곳은 용인시 수지구에 있어. 경기도 인근에
거주하는 사람이라면 굳이 서울까지 가지 않더라도 수준급
재즈 공연을 이곳에서 즐길 수 있어. 공연이 시작되면 극장에
온 듯 자주색 커튼이 펼쳐지며 분위기를 한층 더 고조시켜줘.
주로 정통 재즈 공연이 펼쳐지는데 높은 층고 덕분인지 더
꽉 찬 사운드를 즐길 수 있어. 공연 일정은 매주 월요일마다
인스타그램을 통해 공지하니 미리 확인하길 바라.

📍 경기 용인시 수지구 동천로 470
☎ 0507-1359-1581
🕐 화 11:00~19:00 /
　수, 목 11:00~21:00 /

금, 토 11:00~23:00 /
일 11:00~17:00 / 월 휴무
✔ 인스타그램 프로필 링크 예약
📷 cafe_minor_swing

 광안대교를
배경으로 즐기는 공연
광안리남매

피아니스트인 형과 요리하는 동생이 각자 잘하는 분야를
함께 즐기고자 만든 공간인 광안리남매. 직원들도 가족
구성원으로 생각한다는 의미에서 형제가 아닌 남매로
이름을 지었다고 해. 이곳은 음식과 공연, 멋진 뷰까지
3박자를 모두 갖췄어. 창밖으로 부산의 대표 야경인
광안리해변과 광안대교가 펼쳐져 있거든. 이런 분위기에서
즐기는 재즈 공연과 와인이라니 흥겨운 음악과 뷰에 기분
좋게 취할 수 있을 거야. 피아노는 주로 김대규 피아니스트가
연주하는데, 이분이 바로 광안리남매의 형이야. 재즈 공연은
매주 금, 토요일마다 진행하고 있어. 광안대교 야경을 더
즐기고 싶다면 테라스 좌석을 추천하지만, 공연이 있는 날은
와인 1병 이상 주문 필수야. 꼭 테라스 좌석이 아니더라도
실내 좌석에서도 야경을 충분히 즐길 수 있어.

ⓘ

📍 부산 수영구 남천동로108번길 54
📞 0507-1371-6566
🕐 월~목, 일 16:00~24:00 /

금, 토 16:00~01:00
✅ 네이버 예약
📷 gwangalli_namme

전시·페스티벌 정보를 놓치지 않는 법

큰 맘 먹고 문화생활을 하고 싶은데, 어떤 전시가 좋은지 몰라 고르기 힘들었다면?
따뜻한 햇살, 솔솔 불어오는 바람, 잔디밭의 돗자리, 맛있는 음식…. 이 모든 것을 좋은
음악과 함께 즐길 수 있는 페스티벌에 가고 싶다는 생각만 하다가 일정을 놓치곤 했다면?
아래 정보들을 참고해서 올해 가고 싶은 곳을 미리 찜해보자! 이 정도만 참고해도 실패할
일 없이 제대로 즐길 수 있을 거야. 일정은 변동될 수 있으니 가기 전에 꼭 참고해줘.

✦ 전시 정보 사이트

주말랭이 말랭캘린더

🌐 onemoreweekend.co.kr/calendar

주말랭이에는 없는 게 없다구! 전시와 팝업스토어 일정을
한눈에 볼 수 있도록 달력에 정리해놓아서, 당장 내일 갈 수
있는 전시회도 고를 수 있어. 더 주목할 만한 전시는 자세한
해설과 함께 예약페이지 링크를 제공하니, 끌리는 전시를
발견하면 바로 예약 가능해.

아트맵

🌐 art-map.co.kr 📷 artmap.official 📱 Art Map 앱

지역별, 인기별, 날짜별 전시를 골라서 볼 수 있는 플랫폼.
전시에 '좋아요'를 누르거나 '다녀온 전시'를 표시할 수 있어서
나만의 아카이브를 만들 수 있어. 앱에서는 전시 취향을 분석할
수 있는데, 이 데이터를 기반으로 전시를 추천해줘.

전시회를 즐기다

🌐 enjoyexhibition.co.kr 📷 enjoyexhibition

이번 달 꼭 가야 하는 전시
소식을 정리해 올려주는
사이트야. 홈페이지에서
티켓을 할인가로
구매할 수 있어.

아트파인더

📱 Aart Finder 앱

지도를 기반으로 내 주변에서
현재 진행 중인 전시회를 찾을
수 있는 앱이야. 좋아하는
작가와 갤러리를 팔로우하고
전시 소식을 받아볼 수도 있어.

팝스

📷 pops.official_
📱 Pops 앱

지금 갈 수 있는 팝업 공간을
알려주는 곳. 트렌드에 따라
생기고 없어지는 팝업스토어
정보를 파악하기에 좋아.

✦ 매년 돌아오는 페스티벌 정보

봄

뷰티풀 민트 라이프
🌐 mintpaper.co.kr 📍 서울 올림픽공원

봄을 알리며 시작되는 설렘 가득한 페스티벌

서울 재즈 페스티벌
🌐 seouljazz.co.kr 📍 서울 올림픽공원

퀄리티 높은 라인업과 무대로 유명한
재즈페스티벌

청춘 페스티벌
📷 bluespring_festival 📍 변동

공연, 토크콘서트, 강연 등 청춘을 위한 모든
것이 준비된 축제

여름

인천 펜타포트 락 페스티벌
🌐 pentaport.co.kr 📍 인천 송도달빛축제공원

2006년부터 시작되어 17회 이상 개최된
록 페스티벌

워터밤
🌐 waterbombfestival.com 📍 전국 투어

한여름 더위를 시원하게 날려주는 물폭탄
맞으며 즐기는 공연

월드 디제이 페스티벌
🌐 wdjfest.com 📍 전국

세계적인 DJ가 모이는 국내 최고 EDM
페스티벌

전주 얼티밋 뮤직 페스티벌
🌐 jumf.co.kr 📍 전주종합경기장

인디음악부터 록과 힙합까지, 모두 즐길 수
있는 전주의 음악 축제

가을

자라섬 재즈 페스티벌
🌐 jarasumjazz.com 📍 경기 자라섬

자연 속에서 가을과 잘 어울리는 재즈 공연을
볼 수 있는 페스티벌

그랜드 민트 페스티벌
📷 grandmintfestival 📍 서울 올림픽공원

선선한 가을, 잔디밭에 앉아 즐기는 역사 깊은
음악 축제

DMZ 피스 트레인 뮤직 페스티벌
🌐 dmzpeacetrain.com
📍 강원도 철원 DMZ 일원

강원도 철원 DMZ에서 4일간 개최되는,
평화를 노래하는 음악 페스티벌

렛츠락 페스티벌
🌐 letsrock.co.kr 📍 서울 난지 한강공원

난지 한강공원에서 즐기는 도심 속 신나는
페스티벌

러브썸 페스티벌
📷 official_lovesome 📍 변동

책 읽기 좋은 가을날 찾아오는, 책과 음악이
함께하는 페스티벌

부산 국제 록페스티벌
🌐 busanrockfestival.com
📍 부산 사상구 삼락생태공원

국내외를 아우르는 라인업을 자랑하는
국내 최장수 페스티벌

리프레시
하고 싶어

짧은 여행 충전 여행

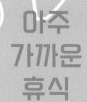

아주 가까운 휴식

필요할 때 바로 찾을 수 있는 '도심 속 힐링'

도시에서 일상을 살아가는 것만으로 지칠
때가 있어. 오롯한 내 한 명의 공간도
확보되지 않는 붐비는 지하철의 출퇴근길,
듣고 싶지 않아도 들려오는 도시가
만들어내는 소음들, 조금의 여유도 허락하지
않고 재촉하는 일정들. 이런 도시의 일상에서
잠시 벗어나 방해받지 않고 혼자만의 휴식을
누리고 싶을 때가 있어. 이럴 때 찾기 좋은
휴식을 위해 만들어진 공간과 혼자 시간을
보내기 좋은 공간을 소개할게.
지친 일상에서 언제든 닿을 수 있는 도심 속
휴양지가 되길 바라.

**집에서의 휴식이
아쉬울 때 반나절 숙소**

후암별채

혼자만의 시간을 갖고 싶을 때, 가끔 집에서 보내는 것만으로는 아쉬워. 집은 너무 익숙하기도 하고 또 여러 가지 집안일이 눈에 밟히거든. 그럴 땐 도심 속 휴양지 후암별채로 가보자. 후암별채는 반신욕과 차 한잔의 여유를 즐길 수 있는 반나절 숙소야. 하루에 딱 1인만, 6시간 기준으로 예약할 수 있어. 이곳의 특별함은 반신욕이 가능한 욕실이 있다는 점이야. 따뜻한 물에 몸을 담그고 책을 읽거나 차를 마시며 비움을 위한 시간을 가져봐. 숙소 안에는 음악, 차, 커피, 독서를 즐길 수 있는 휴식 공간도 마련되어 있어. 또 다른 지점 후암별채 이누스는 욕실 브랜드 이누스와 후암별채가 함께 만든 곳으로, 편백나무 탕에서 제대로 된 스파를 즐길 수 있어. 예약이 치열한 편이니 미리 준비하자.

후암별채
- 📍 서울 용산구 후암로35길 39
- ☎ 010-6835-6552
- 🕐 매일 13:00~24:00
- ✅ 네이버 예약 (매월 마지막 날 예약 오픈)
- 🌐 project-huam.com

후암별채 이누스
- 📍 서울 용산구 두텁바위로1길 89 1층
- ☎ 0507-1370-6552
- 🕐 매일 13:00~24:00
- ✅ 네이버 예약
- 🌐 project-huam.com

**쉼이 필요한
어른을 위한 카페**

뷰클런즈

쉬는 날에도 생산적인 무언가를 해야 할 것 같은 느낌이 불쑥
들곤 해. 이런 강박에서 온전히 벗어나 진정으로 쉬어본
게 언제인지 까마득하다면 카페 뷰클런즈를 방문해보자.
이곳은 쉼이 필요한 어른에게 진정한 휴식을 제공하는
'뷰클런즈하다' 프로그램을 운영하고 있어. 카페 개장시간
전에 소수의 인원이 모여 80분 동안 각자의 쉼표를 자유롭게
즐기는 방식이야. 내게 필요한 지혜를 생각하며 책 속 문장을
뽑아보는 북타로, 글쓰기로 생각 정리하기 좋은 공간 등 쉼에
대한 철학을 생각한 재미난 요소들이 카페 곳곳에 있어.
준비된 따뜻한 커피와 차를 마시며 늘어지게 누워 있어도
되고, 느릿느릿 걸으며 채광을 누리거나 섬세한 배려가 깃든
주변을 여유롭게 둘러봐도 좋아. 휴식이 간절해지는 시기에
자신에게 쉼표를 선물해봐.

ⓘ ┄┄┄┄┄┄┄┄┄┄┄┄┄┄┄┄┄┄┄┄┄┄┄┄┄┄┄┄┄┄┄┄┄┄┄┄

📍 서울 송파구 백제고분로43길 10 1층
☎ 0507-1449-4860
🕐 매일 12:00~22:00

✅ 네이버 예약
   (뷰클런즈하다 프로그램 예약 필수)
🌐 swedencoffee.com

사색을 위한 공간
마이 시크릿덴

카페는 보통 수다를 떨기 위해 가는 곳이지만, 대화가 금지된 이상한 카페가 있어. 바로 덕수궁 돌담길 옆에 위치한 마이시크릿덴이라는 곳이야. 이곳에 붙어 있는 'Focus on yourself'라는 문구처럼 나 자신에게 집중하기에 좋은 공간이야. 예약제로 운영되는 서재 '책과 함께하는 낮의 사색'은 대화를 할 수 없고 오로지 자신에게 몰입하기 위한 시간으로 이루어져. 고요한 분위기 속에서 들리는 건 잔잔한 클래식 음악, 노트북으로 작업하는 소리 그리고 책을 넘기는 소리뿐이지. 서울 직장인이라면 이곳에서 평일 오후 12시부터 1시 10분까지 운영하는 '돈텔보스' 팝업 카페에 주목해봐. 직장인에게 소중한 점심시간에 회사에서 잠시 벗어나 한숨 돌릴 여유를 선사해. 고요히 혼자만의 시간을 갖기에 정말 최적의 장소인 것 같아. 다만 카페 내부 소음과 무관하게 주말에 행사가 있을 경우 주변 소음이 발생할 수 있는 점, 미리 참고해줘.

ⓘ

📍 서울 중구 덕수궁길 9 현진빌딩 401호
☎ 010-6833-0704
🕐 매일 09:00 - 22:00

✅ 네이버 예약
📷 my.secret.den

공원을 품은 호텔

코트야드
메리어트
서울
보타닉파크

쉼이 필요할 때는 초록색만 한 게 또 있을까? 시원한 침대에 누워 바라보기만 해도 좋은 초록초록 공원 뷰의 호텔을 소개할게. 바로 서울 식물원을 품고 있는 코트야드 메리어트서울보타닉파크. 서울 식물원 안에 있어 마치 내 방이 공원 안에 들어와 있는 것 같은 뷰를 자랑해. 봄과 여름에는 푸릇함이, 가을엔 알록달록한 단풍이, 겨울에는 흰 눈이 쌓인 뷰로 사계절 다채롭게 즐길 수 있어. 계절에 따라 매트, 샌드위치, 와인 등 피크닉 세트를 포함한 객실 패키지를 출시하기도 해. 푸른 휴식을 즐길 수 있는 피크닉과 호캉스의 조합은 말할 것도 없이 좋을 거야.

📍 서울 강서구 마곡중앙12로 10
☎ 02-6946-7000
✅ 홈페이지 예약

🌐 marriott.co.kr/hotels/travel/
selcs-courtyard-seoul-botanic-park

✦

**공원과 도시를 함께
즐길 수 있는**

메리어트
이그제큐티브
아파트먼트
서울

메리어트이그제큐티브아파트먼트서울은 여의도 공원을
바라보고 있는 도심 속 호텔이야. 그래서 여의도 공원의
푸릇한 뷰와 도시의 화려한 뷰를 동시에 즐길 수 있지.
전 객실 아파트먼트 타입으로 거실과 주방을 갖추고 있어.
주방에는 냉장고, 스토브, 오븐, 전자레인지 등이 있어
가족이나 친구와 놀러 가서 요리해 먹기에도 딱이야. 호텔
바로 앞에 여의도 공원이 있으니 호캉스가 지루해질 때쯤
산책하며 기분 전환해봐. 또한 더현대서울이 도보로 20분
거리에 있으니 쇼핑도 함께 즐기기 좋을 거야.

ⓘ

📍 서울 영등포구 여의대로 8
☎ 0507-1437-8018
✅ 홈페이지 예약

🔗 marriott.co.kr/hotels/travel/s
eler-yeouido-park-centre-seoul-
marriott-executive-apartments

**지금 이 순간에 머물며
즐기는 차 한 잔**

티카페예원

복작복작한 부산의 시내 서면역 중심가에 이너 피스를 위한
티카페예원이 있어. 들어서면 빼곡히 늘어선 각양각색
모양의 찻잔들은 이곳이 차를 마시며 휴식하기 위한 곳이라고
알려주는 듯해. 이곳에서는 한 달에 한 번 다선일미라는
원데이 클래스를 운영하고 있어. 다선일미는 '차와 명상은
하나의 맛이다'라는 뜻으로, 다도와 명상을 함께하는
클래스야.

앉아서 눈 감고 하는 명상은 번잡한 생각들이 오가고 잠이
오기도 해서 초보자에게 어려울 수 있어. 그런데 차 도구를
활용하면 좀 더 쉽게 명상할 수 있을 거야. 찻잔에 물을 따를
때 흐르는 소리를 듣고, 찻잎이 우러나는 색을 관찰하고,
찻잔을 손으로 감싸 따뜻한 온기를 느끼고, 차의 맛과 향을
음미하는 그 순간에 집중하다 보면 오로지 내가 지금 여기,
현재에 머무르고 있는 걸 발견하게 될 거야. 이곳에서
알려주는 다도의 방법과 실습을 통해 일상에서도 언제든 차
한잔의 휴식을 즐길 수 있게 되길.

📍 부산 부산진구 새싹로 33 2층
☎ 0507-1405-0407
🕐 화~토 11:00~22:00 /

일 11:00~20:00 / 월 휴무
✅ 네이버 예약 (티 클래스 예약 필수)
📷 teacafe_yewon

초록의 위로

푸르른 자연이 휴포를 선물하는 '수목원, 식물원'

휴식이 필요한 날에는 자연으로 들어가봐.
초록초록한 나무들 사이를 거닐며 바람에
흔들리는 잎사귀들을 보고 있으면 복잡했던
머릿속은 어느새 조용해지고, 몸도 마음도
편안해질 거야. 계절마다 달라지는 매력이
있는 수목원과 겨울에도 따뜻하게 관람할 수
있는 식물원을 소개할게.

**축구장 70개를
합친 듯 큰**

서울식물원

거대한 규모를 자랑하는 서울식물원 온실의 최고 높이는
아파트 8층과 비슷하다고 해. 어마어마한 규모와 잘 꾸며진
온실 덕분에 인스타그램에서 가장 핫한 식물원으로 떠올랐어.
식물원 입구의 '열린숲'에는 돗자리를 펴고 광합성을 하기
좋은 잔디 광장이 있어. 매표하지 않아도 이용할 수 있는
무료 공간이니 날씨 좋은 날 나들이를 가도 좋겠어. 매표
후 '주제원'으로 들어가면 꽃과 나무로 꾸며진 야외 정원과
온실이 나타나. 온실 내부는 마치 다른 나라에 온 듯 이국적인
식물들로 가득 채워져 숲속을 탐험하는 기분이 들 거야.
엘리베이터를 타고 굽이굽이 이어진 높은 스카이워크에
올라가면 온실 전체를 한눈에 내려다볼 수 있어.
스카이워크를 지나면 재미있는 대출 시스템을 운영하는
씨앗도서관에 꼭 들러봐. 원하는 씨앗을 책처럼 대출할
수 있거든. 반납은 필수가 아닌 자유. 씨앗을 키운 기록을
가져오거나, 잘 키워서 새로운 씨앗을 받게 되면 그때 반납하러
오면 된다고 해. 키우기의 난이도와 현재 파종 적기인 씨앗이
안내되어 있어서 데려갈 씨앗을 고르기도 수월해.

ⓘ

📍 서울 강서구 마곡동로 161 서울식물원
☎ 02-2104-9716
🕐 3~10월 09:30~18:00 /
　11~2월 09:30~17:00 / 월 휴무
🌐 botanicpark.seoul.go.kr

📖 서울식물원은 넓은 온실 덕에 겨울에 인파가
더 몰리는 편이야. 겨울에 방문한다면 오픈
시간에 맞춰 가는 것을 추천해. /
야외 공간에는 반려동물 출입이 가능해.

사계절을 모두
만날 수 있는

국립세종
수목원

2020년 10월에 개장한 국립세종수목원은 3번째 국가
수목원이자 국내 첫 도심형 수목원이야. 입구를 지나쳐
가장 먼저 만나게 되는 사계절전시온실은 붓꽃의 꽃잎을
형상화해서 만들어졌어. 이곳의 트레이드마크라고 할 수
있지. 바위를 타고 흐르는 폭포와 바나나가 가득 열린 나무,
울창한 식물들은 마치 열대 우림에 들어온 듯한 착각을
일으켜. 유리 엘리베이터를 타고 올라가면서 밖을 구경할
수 있는 전망대가 있어서 더욱 실감 나게 감상할 수 있어.
야외 공간으로 나가면 한국전통정원을 만나게 돼. 창덕궁의
주합루와 부용정을 실제 크기로 조성하여 고즈넉한 경치를
즐길 수 있어. 날이 좋은 계절에는 야간 개장을 하고, 전시,
공연, 어린이 체험 행사 등 마치 식물 놀이공원에 온 듯 알찬
프로그램들이 가득하니, 홈페이지에서 진행 중인 프로그램을
확인 후 방문해봐.

📍 세종 수목원로 136
📞 044-251-0001
🕐 3~10월 09:00~18:00 /
　　11~2월 09:00~17:00 / 월 휴무 /
　　월요일이 공휴일이면 다음날 휴무

🔗 sjna.or.kr
📋 반려식물 클리닉도 운영 중이야. 반려식물에
　대한 궁금증을 온라인과 오프라인에서
　상담할 수 있어. 우리 집 반려식물이 요즘
　시들하다면, 이곳에서 궁금증을 해소해봐.

동서양의 정원을 모두 품은

벽초지
수목원

벽초지수목원은 자연을 사랑하는 설립자와 조경 예술을 꿈꾸는 화가가 만나 만들어졌다고 해. 그만큼 아름답고 조화롭게 꾸며져 있고, 사진을 찍기에도 좋아서 인생 사진을 건졌다는 후기가 많아. 수목원의 길을 따라 걸으면 설렘, 신화, 모험, 자유, 사색, 감동이라는 6가지 테마를 따라 관람하게 될 거야. 이곳에서 가장 아름다운 조경을 꼽으라면 수련이 가득 떠 있는 연못에 작은 다리가 있어 한 폭의 그림을 연상시키는 '감동의 공간'과 유럽의 정원을 본떠 만들어진 '신화의 공간'이야. 벽초지수목원의 곳곳은 이국적인 풍경 덕에 <호텔 델루나>, <로맨스는 별책부록>, <빈센조> 등 드라마 촬영지가 되기도 했어. 천천히 산책하며 걸으면 2시간 남짓이면 관람할 수 있어.

📍 경기 파주시 광탄면 부흥로 242
☎ 0507-1421-2022
🕐 1, 2, 12월 10:00~17:00 /
   3, 10월 09:00~18:00 /

4~9월 09:00~19:00 / 11월 09:30~17:30
🌐 bcj.co.kr
📷 계절이 바뀔 때마다 꽃 축제가 열리니,
   인스타그램에서 소식을 확인해봐.

 **호수와 만난
아름다운 풍경**

수생식물
학습원

'천상의 정원'이라는 이름으로 더 유명한 이곳은 대청호를
중심으로 조성된 100만 평의 호수정원이야. 호수와 산,
그리고 하늘이 만난 드넓은 풍경이 눈앞에 펼쳐지는 운치
있는 곳이지. 2020년 한국관광공사가 선정한 '가을 언택트
관광지'에 선정되기도 했어. 자연이 다 하는 장소이기
때문에 봄과 가을에 방문하는 것이 가장 좋다는 후기가
많아. 대청호를 따라 연결된 산책로에 각종 야생화와
수생식물이 지천으로 피어나 있고, '세상에서 가장 작은
교회당'이라는 이름의 유럽풍 예배당이 아름다운 풍경의
정점을 찍어줘. 벽돌로 지어진 분위기 있는 카페가 있어서,
걷다가 지치면 잠시 앉아서 가만히 풍경을 바라보기만 해도
좋을 거야. 입장객이 하루에 240명으로 제한되어 있어
여유롭게 둘러볼 수 있어.

📍 충북 옥천군 군북면 방아실길 255
☎ 043-733-9020
🕐 3~10월 10:00~18:00 /
　 11~12월 10:00~17:00 /

일 휴무 (쉬어가는 달이 있으니 방문 전 운영
여부 확인하기)
✅ 홈페이지 예약 (사전 예약 필수)
🌐 waterplant.or.kr

국내 최대 목련을 보유한

천리포
수목원

파도 소리가 들리는 수목원은 흔치 않을 거야.
천리포해수욕장과 만리포해수욕장 사이에는 바다와 숲을
모두 즐길 수 있는 천리포수목원이 있어. 이곳은 귀화 한국인
민병갈 박사가 6.25 전쟁 후 척박해진 땅에 정성스럽게
나무를 가꾸기 시작하며 만들어졌다고 해. 나무를 함부로
자르거나 다듬지 않았고, 있는 모습 그대로를 지키며 기른
노력 덕분인지 2000년에는 세계에서 12번째, 아시아에서는
최초로 국제수목학회에서 '세계의 아름다운 수목원'으로
인증받았어. 천리포수목원에 방문한다면 바닷가를 따라
만들어진 산책로를 걸으며 바다와 나무의 향을 동시에
맡아보자. 새로운 경험이 될 거야. 천리포수목원은 세계
각국 870여 종 이상의 목련을 수집한 곳으로, 국내 최대
목련 보유 수목원이야. 목련꽃이 피기 시작하는 4월부터 5월
중순까지는 화려한 목련꽃의 향연을 느낄 수 있어. 가을에는
팜파스와 핑크뮬리, 억새 등 가을 식물이 한데 어우러져
핫플레이스로 변신하기도 해.

📍 충남 태안군 소원면 천리포1길 187
📞 041-672-9982
🕐 3~11월 09:00~18:00 /
　12~2월 09:00~17:00
✅ 숙소는 홈페이지 예약
🌐 chollipo.org

📖 수목원 안에는 한옥과 초가집, 양옥 등으로
구성된 다양한 가든스테이와 유스호스텔
형식의 에코힐링센터가 있어. 이곳에
묵는다면 해 질 녘 바다의 노을과 신선한 아침
공기를 만끽할 수 있을 거야.

이야기의
공감과
위로

다양한 생각 속을 산책하는 '독립서점'

Story

누군가의 위로가 필요할 때면 나는 책방으로
향하곤 해. 비슷한 고민을 하고 있는 이들의
이야기를 읽으며 공감과 위로를 받기도 하고,
전혀 관심 없던 분야의 책을 통해 기분이
전환되기도 하더라고. 힐링이 필요하다면
근처 독립 책방으로 떠나보자. 사람의 매력이
모두 다르듯 각기 다른 분위기와 색깔을 가진
독립 책방에는 책방 사장님의 취향을 엿보는
재미가 있어. 세심하게 진열된 큐레이션과
차분한 음악, 은은한 종이 냄새가 마음을
어루만져줄지도 몰라.

고요한 사색이
필요할 때

어쩌다산책

북적이는 혜화이지만 이곳에 들어서면 은밀하고 신비로운 공간이 펼쳐져. 독립서점은 모두 아담하다는 편견을 깨주는 이곳은 음료와 책이 있는 북카페야. 계절마다 하나의 주제를 정해 운영되고, 고급스러운 우드톤 인테리어와 빛이 들어오는 화이트톤 중정을 갖추어서 머무는 동안 고요하고 한적한 분위기를 만끽할 수 있어. 계절에 맞는 색다른 큐레이션과 책마다 적힌 책방지기의 소개 글을 읽어보는 재미가 쏠쏠할 거야. 적당한 책을 한 권 집어 들고 조용히 사색에 잠겨 내 마음의 소리에 귀 기울여봐도 좋아. 책을 선물할 계획이 있다면 이곳에서 구매해봐. 약간의 추가 금액을 내면 예쁜 꽃과 함께 책을 멋스럽게 포장해줄 거야.

📍 서울 종로구 동숭길 101 지하 1층
☎ 02-747-7147

🕐 매일 12:00~21:00
📷 ujd.promenade

강남 한복판에 있는
생각의 숲

최인아책방

'그녀는 프로다. 프로는 아름답다'라는 유명한 카피를 쓴
제일기획 부사장 출신 최인아 대표가 만든 보물 같은 책방을
소개할게. 높은 층고와 큰 창문에서 들어오는 자연광에
어느새 마음이 차분해져. 이곳은 책을 추천하는 방식이
남달라. '불안한 20대 시절, 용기와 인사이트를 준 책'
'서른 넘어 사춘기를 겪는 방황하는 영혼들에게' '혼자 있는
시간을 어떻게 하면 잘 보낼까?' 등 삶에 대한 12개 질문과
다양한 인생 선배들의 철학을 엿볼 수 있어. 게다가 최인아
대표 지인들이 추천한 책 안에는 추천 이유를 진솔하게
적은 북카드가 있는데, 읽다 보면 마치 멘토를 만난 기분이
들 거야. 바쁜 일상을 보내다가도 잠시 이곳에 들러 맛있는
커피를 홀짝이며 나와 비슷한 고민을 하고 있는 이들의
이야기와 문장들을 새겨보길 추천할게. 그러다 보면 고민의
무게가 가벼워질지도.

📍 서울 강남구 선릉로 521
☎ 02-2088-7330

🕐 매일 12:00~19:00
📷 inabooks

**내면을 위한
치유 서점**

지금의세상

한 번도 안 가본 사람은 있어도 한 번만 가본 사람은 없다는 이곳은 주인장이 선정한 25권의 책만 판매하는 독립 책방이야. 매번 대형 서점을 방문해서 베스트셀러 코너를 서성이며 어떤 책을 사야 할지 망설였다면 이곳에서 나에게 필요한 답을 찾아봐도 좋아. 이곳은 고민 많은 어른들이 모여 읽고 대화하고 공부하며 내면을 치유해가는 공간이라는 의미로 '치유서점'이라고 불리기도 해. 서점을 다녀간 사람들의 고민과 소소한 이야기가 담긴 담벼락을 구경하는 재미도 있어. 해가 잘 드는 창가에 앉아 사색을 즐겨봐도 좋고, 인간관계, 사랑, 습관 등 고민이 있다면 1대1 코칭 프로그램 '나의 세상 정리기'에 참여해봐. 복잡했던 마음이 정리됐다는 후기가 많아.

📍 서울 동작구 동작대로3길 41 1층
☎ 0507-1305-7121

🕐 화~토 15:00~21:00 / 월, 일 휴무
📷 the_present_world

건강한 하루가
시작되는 곳
일일호일

매년 숙제처럼 건강검진을 받지만 막상 건강을 잘 관리하는 건 다소 어렵게 느껴지는 것 같아. 그 어떤 것보다 중요한 건강을 위해 존재하는 책방 일일호일을 소개할게. '매일매일 건강한 하루'라는 의미의 이곳은 보기만 해도 마음이 치유되는 고즈넉한 한옥 책방이야. 통유리로 된 책방에 들어서면 따뜻한 햇살이 반겨줘. 오직 '건강'을 주제로 한 신체, 정신, 환경, 사회, 동물 등 5개 분야의 서적 100권이 큐레이션 되어 있어. 이곳은 단순한 책방을 넘어 건강한 사람과 사회를 만들고자 하는 플랫폼을 지향해. 따라서 암 식단 전문 영양사와 함께하는 영양 토크 콘서트, 비건을 위한 단백질 섭취법 등 다양한 건강 관련 프로그램을 운영하고 있어. 비슷한 관심사를 가진 사람들을 만나 건강 음료와 디저트를 먹으며 공간을 누려보자.

ⓘ

📍 서울 종로구 자하문로 52
☎ 02-737-1101

🕐 화~일 11:00~19:00 / 월 휴무
🌐 11ho1.com

**국내 1호
자연과학 책방**

동주책방

하늘과 바다가 연상되는 파란 대문의 동주책방은 국내
1호 자연과학 전문 책방이야. 그림 그리는 과학자이자
생물과학과 교수인 사장님이 '우리가 사는 세상을
조금이라도 살기 좋고 아름답게 만들어가고 싶다'라는
의도로 만들었다고 해. 공간 곳곳에는 사장님의 자연과학에
대한 진심과 취향, 세심한 기획이 진하게 배어 있어.
자연과학은 왠지 지루하고 어려울 것 같다면 이곳에 들러봐.
하늘, 별, 바람, 공룡, 고래, 고양이 등 우리가 일상 속에서
마주하는 친근한 자연에 대해 말랑하고 가볍게 소개하는
책부터 심오하게 파고드는 책까지 만날 수 있어. 또한
동주책방의 마스코트 공룡 캐릭터가 자연과학을 좀 더
재밌고 친근하게 전해줄 거야.

ⓘ

📍 부산 수영구 과정로15번길 8-1
☎ 010-9669-0002

🕐 월, 수~토 14:00~19:00 / 화, 일 휴무
📷 science_dongju

✦

주인장 취향이 돋보이는

별책부록

우연히 발견한 기분 좋은 공간이길 바라며 만들어진 후암동 독립 책방 별책부록. 이곳에서는 문화 예술과 관련된 다양한 책과 독립 출판물들을 만날 수 있어. 잡지를 사면 함께 주는 재미난 부록처럼, 서점 곳곳에는 책뿐만 아니라 일러스트가 담긴 포스터와 엽서, LP와 같은 디자인 제품들이 함께 놓여져 있어. 또한 대형서점에서 만날 수 없는 각기 다른 크기의 개성 있고 독특한 책들을 보며 다양한 아름다움을 느낄 수 있지. 별책부록처럼 이곳에서 아주 사소한 것 한 가지라도 낯선 기쁨을 발견하길 바랄게.

◉ 서울 용산구 신흥로16길 7
☎ 070-4007-6690

◉ 화~일 13:30~19:30 / 월 휴무
◈ byeolcheck.kr

숲속에 있는 작은 공간

단비책방

별과 꽃이 많은 동네 별꽃마을에는 단비와 선재 부부가 운영하는 독립서점이 있어. 붉은 벽돌과 푸른 마당이 있는 공간으로 따뜻하고 아늑한 분위기에 마음이 편안해질 거야. 이곳에서는 독립출판물부터 중고 도서 등 다양한 책을 만날 수 있어. 책마다 주인장이 하나하나 정성스럽게 써둔 큐레이션 쪽지가 궁금증을 한층 더해주지. 바람 솔솔 부는 테라스에 앉아 자연을 마주하며 독서를 즐겨보거나, 나무 계단을 하나 하나 밟고 올라가 2층에 있는 아늑한 다락방을 이용해도 좋아. 멀리서 찾아오는 고객들을 위한 북스테이도 함께 운영하니 숲속 작은 책방에서 걱정과 고민을 잠시 잊고 책에 빠져볼 수도 있어. 앉아만 있어도 힐링 되는 공간에서 지친 마음에 단비가 되어줄 책 한 권을 만나보길 바랄게.

📍 세종 전의면 비암사길 75
📞 010-9447-1267

🕐 수~토 10:00~19:00 / 월, 화 휴무
📷 danbi_2018

진정한
휴식
찾기

내 안으로의 여행, '리트릿, 웰니스'

'다른 사람들을 신경쓰는 여행 대신,
온전히 나 자신만 돌보는 여행을
떠나보는 게 어때? 충전을 위한
리트릿*Retreat*(일상에서 벗어난 쉼),
웰니스*Well-being+happiness+fitness*
프로그램을 체험할 수 있는 숙소들을
소개할게. 삶의 짐을 모두 내려놓고 고요한
곳에서 오롯이 나를 위한 생각과 활동에
집중하다 보면 잃어버렸던
나의 중심을 찾을 수 있을 거야.

요가와 다도로 마음의
안정을 찾아주는

취다선
리조트

제주 성산읍에 있는 이곳은 요가와 명상, 다도에 특화된
곳이야. 아름다운 제주의 자연 풍경을 바라보며 아침부터
저녁까지 요가 수업을 듣고 명상을 하고 다도를 경험할 수
있어. 다도 시간에는 잘 갖추어진 개인 다기에 차를 내리는
방법을 배우게 돼. 정성과 집중도에 따라서 달라지는
차 맛을 느끼며 현재에 오롯이 집중하게 될 거야. 취다선의
창립자인 일소 선생의 명상 특강도 있으니, 명상에 대해
조금 더 깊이 배우고 싶다면 신청해봐. 이곳 식당의 메뉴는
제주 가정식이야. 성게미역국부터 해초멍게비빔밥까지,
제주에서만 맛볼 수 있는 신선함에 한 번 더 힐링된다고 해.
1인 여행자를 위한 객실이 따로 있어서 소박하게 혼자
머무르기에 좋아. 창밖에는 바다가 펼쳐져 있어서 혼자
바다멍을 하며 고요한 시간을 가질 수 있고, 아침에는 바다를
보며 잠에서 깨어날 수 있을 거야. 취다선에서 배운 요가와
명상, 다도는 일상에 돌아간 후에도 나를 위한 힐링 도구로
유용할 거야.

ⓘ

📍 제주 서귀포시 성산읍 해맞이해안로 2688
📞 0507-1386-1600
🔗 chuidasun.com

🏷 취다선의 프로그램은 투숙객이 아니라도
네이버 예약을 통해 신청할 수 있어.

요가에 집중된 공간

무위의공간

요가란 끊임없이 일렁이는 마음의 물결을 잠잠하게 하는 것을 뜻해. 사람들에게 이런 고요함을 전하고 싶다는 마음으로 요가 강사 4인이 모여 공간을 만들었어. 제주의 한적한 마을에 있는 이곳에서 요가와 명상, 치유를 경험해보자. 2인부터 5인까지 머물 수 있는 4개의 객실이 있고, 전 객실에는 요가와 명상을 위한 공간이 마련되어 있어. 단체 수업에 참여하지 않아도 각자의 객실에서 고요하게 개별 수련을 할 수 있도록 온라인으로 다도, 요가, 명상 수업을 제공한다고 해. 큰 창을 통해 제주의 돌담과 나무들이 보이는 공용 수련 공간에서는 정규 또는 비정규로 요가와 명상 수업이 열리고 있어. 요가가 익숙하지 않은 사람이라도 괜찮아. 무위의공간을 통해 그동안 몰랐던 진정한 쉼을 경험할지도.

ⓘ ···

📍 제주 제주시 한경면 명이1길 32   📷 space_muwi
📞 0507-1351-9202

✦

**강릉 바다에서 찾는
내면의 쉼**

위크엔더스

리트릿 호스텔 위크엔더스는 양질의 휴식을 통해 재충전을 제공하는 공간이야. 동남아를 떠올리게 하는 인테리어와 시원한 파란 대문은 도착하는 순간부터 여행을 왔음을 실감하게 해. 책을 읽을 수 있는 카페와 북 바가 있어서 충분히 휴식하며 머무를 수 있어. 날씨가 좋은 시즌에는 자연과 어우러지는 웰니스 프로그램 '리트릿 오롯이, 나'에 참여해봐. 바다와 숲길을 큐레이션해 만들었다고 하는 이 프로그램을 통해 파도의 리듬을 느끼는 서핑, 바다를 바라보며 내 몸에 집중하는 비치 플로우 요가, 오롯이 나를 만나는 명상 등을 즐길 수 있어. 위크엔더스는 조식 맛집으로 소문이 자자해. 두부스프레드를 듬뿍 바른 베이글, 로컬 새벽 시장에서 매일 만들어 김이 모락모락 나는 순두부와 제철 과일 등 신선하고 속이 편안한 아침을 기대해도 좋아. 체크아웃 시간은 1시로, 떠날 때도 서두르지 않을 수 있어 마무리까지 완벽해.

ⓘ

📍 강원 강릉시 율곡로2868번길 1
☎ 0507-1345-9212
🌐 weekenders.kr

🛁 서울에서도 위크엔더스가 디자인한 휴식을 즐기고 싶다면, 서울 성동구 송정동에 있는 1인 목욕탕 '위크엔더스바쓰'를 추천해.

베드라디오
도두봉점

낯선 사람들과 교류하고 운동하는 것을 통해 에너지를
충전하는 MBTI E형이라면 베드라디오 도두봉점을 찾아봐.
호텔에 들어서면 라디오 부스처럼 생긴 로비를 만나게 될
거야. 베드라디오는 숙박 공간Bed을 통해 로컬 콘텐츠를
경험하게 하고, 그 가치를 전파하는 미디어Radio의 기능을
한다는 의미를 갖고 있거든. 객실키도 방송국 출입 카드처럼
만든 센스가 돋보여.

이곳은 러닝하고 수영하고 요가도 하는 호텔이야. 매일 아침
해안도로를 함께 달리는 러닝 크루가 결성돼. 참여하고
싶다면 1층에 있는 칠판에 내 이름을 적어넣으면 신청 끝!
요가를 하고 싶다면 베드라디오 1층에서 운영되는
오레스트웰니스센터로 가봐. 시간별, 요일별 다양한
프로그램을 투숙객 특별가로 이용할 수 있어. 1층의 조식
공간은 밤에 힙한 바로 변신하니 아침에 함께 뛴 크루들과
즐거운 시간을 보낼 수 있을 거야.

📍 제주 제주시 서해안로 204
📞 0507-1349-5054
📷 bedradio_jeju

🏛 걸어서 갈 수 있는 거리에 도두봉
실내수영장이 있는데 투숙객은 40%
할인가로 이용할 수 있어.

Archi

웅장함
앞에
마주하면

내 고민이 상대적으로 작아지는 '자연 속 건축명소'

tecture

'바쁘다 바빠' 현대인에게는 '쉼'을 위한
시간도 따로 내야 하는 과제가 된 듯해.
여유가 없고 충전이 필요한 시기를 보내고
있다면 자연 가운데 웅장하게 서 있는
건축물을 찾아봐. 거대한 자연 속에 있는
멋진 건축물을 마주하면 조그만 고민들이
사라지고 마음이 편해질 거야.

✦

**자연을 걸으며
사유하는 곳**

사유원

쉬는 것도 잘 해내고 싶은 우리에게 최고의 휴식을 경험하게
하는 곳, 사유원을 소개할게. 경북 군위에 위치한 사유원은
10만 평의 아름다운 자연 속에 웅장한 건축물들이 있는 거대한
수목원이야. 3시간의 관람 시간 동안 숲을 걷고, 건축물을
경험하며 진정한 '사유'를 할 수 있는 정원이지. 도심에서 보기
힘든 건물과 나무들은 마치 다른 세계에 온 듯한 새로운 기분을
느끼게 해줄 거야. 사유원 내에는 건축가 최욱이 설계한
북카페 가가빈빈, 포르투갈의 건축가 알바로 시자의 드로잉과
가구를 전시한 카페 요요빈빈 등의 공간도 있어.

ⓘ ....

📍 경북 군위군 부계면 치산효령로 1150
☎ 054-383-1278
🕐 화~일 09:00~17:00 / 월 휴무
✅ 최소 이틀 전 홈페이지 예약 필수

🔗 sayuwon.com
🍽 관람만 하는 코스와 식사를 함께할 수 있는
코스 중 선택할 수 있어.

산에 안긴 건축물
뮤지엄산

세계적인 건축가 안도 타다오가 설립한 뮤지엄산은 자연과 인공 건축물의 아름다운 조화를 마음껏 느낄 수 있는 곳이야. 오솔길을 따라 걸어가면 다양하고 멋진 공간들을 순서대로 만날 수 있어. 산책길에서 자연과 건축물의 매력을 오롯이 즐길 수 있어서 본관에 도착했을 때는 이미 기대했던 마음이 모두 채워져 있을 정도야. 뮤지엄산 내부에 있는 카페테라스는 꼭 방문해보길 추천해. 야외 좌석에 앉으면 계절마다 달라지는 산의 풍경을 감상할 수 있어. 제임스터렐관에서는 체험 전시 '컬러풀나이트'가 상시 진행 중이야. 일반 관람이 끝난 후 저녁 시간에 체험이 진행되는데, 뚫려 있는 천장을 통해 45분간 하늘의 다채로운 색을 관찰하는 프로그램이야. 하늘의 색이 뻔하다고 생각했다면 오산. 일몰이 시작되는 순간부터 초록-청록-보라-회색 등으로 변화하는 광경을 보고 있으면 '하늘에 이런 색도 있었나?' 싶은 생각과 함께 경이로운 마음이 들 거야. 꿀팁을 전수하자면, 입구를 바라보고 앉는 자리를 잡아봐. 이 자리에서는 천장과 정면으로 뚫린 창으로 동시에 하늘을 볼 수 있어.

ⓘ ··

📍 강원 원주시 지정면 오크밸리2길 260
　　뮤지엄산
📞 0507-1430-9001
🕐 화~일 10:00~18:00 /월 휴무

✅ 홈페이지 예약
🌐 museumsan.org
📖 본관에서 진행되는 전시는 기간마다
　　달라지니, 홈페이지를 확인 후 방문해봐.

미메시스
아트뮤지엄

미메시스아트뮤지엄은 1,400평의 대지 위에 다양한 곡면으로 이루어진 흰색의 건축물이 아름다움을 자랑하는 곳이야. 모더니즘 건축의 거장이라고 불리는 포르투칼 건축가 알바로 시자의 설계로 지어졌어. 이곳은 시시때때로 변하는 자연광의 향연과 함께 예술 작품을 감상하는 '빛으로 미술관'을 표방하며, 계절에 따라 전시 관람 시간이 달라져. 파주출판도시에 자리 잡은 만큼, 1층에는 북앤아트숍을 갖추고 있어. 커피를 마시며 책을 편안히 볼 수 있도록 자리 곳곳에 다양한 분야의 책이 마련되어 있지. 전시를 보지 않더라도 푸른 잔디밭 뷰를 바라보며 커피와 함께 북멍을 즐겨도 좋고, 이곳저곳 산책하며 포토스팟에서 근사한 한 컷을 남겨도 좋은 추억이 될 거야.

경기 파주시 문발로 253
031-955-4100

11~4월 10:00~18:00 /
5~10월 10:00~19:00 / 월, 화 휴무
mimesisartmuseum.co.kr

제주와 콘크리트의 조화

유민미술관

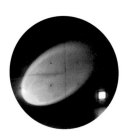

안도 타다오의 설계로 지어진 제주 섭지코지의 유민미술관은 제주의 자연과 콘크리트 건축물이 어우러진 곳이야. 제주의 돌과 갈대, 바다를 옆에 두고 세워진 이곳은 곳곳에서 바람과 빛, 소리를 느낄 수 있도록 만들어졌어. 유민미술관의 상설전시인 '유민 아르누보 컬렉션'은 프랑스 아르누보 시대의 유리공예 대표작들을 볼 수 있는 전시야. 도자기, 화병, 램프 등 다양한 작품들을 만날 수 있는데, 유리공예의 세계를 발견하고 시야를 넓힐 수 있는 경험이 될 거야. 가장 유명한 작품은 에밀 갈레의 '버섯램프'로, 명작의 방에 단독으로 전시되어 있어. 팸플릿에 표시된 QR코드를 통해 도슨트를 들을 수 있으니 참고해.

📍 제주 서귀포시 성산읍 섭지코지로 107
📞 064-731-7791
🕐 09:00~18:00 / 매달 첫째 화 휴무
🌐 yuminart.org

🚌 개인 차량으로는 방문할 수 없고, 휘닉스리조트에서 10분가량 걸어가거나 셔틀버스를 타고 가는 방법을 이용해야 해.

집처럼 편안한 공간을 꿈꾼

구하우스 미술관

구하우스는 미술 감상이 어렵다는 편견을 지우기 위해 내 집처럼 편안한 공간 콘셉트로 만들어진 곳이야. 전시관은 거실, 서재, 라운지와 같은 친근한 생활 공간의 이름으로 나뉘어 있고, 곳곳에 의자와 소파가 놓여 있어. 구정순 관장이 개인적으로 소유한 약 400여 점의 컨템포러리 아트 작품을 만날 수 있는데, 평소 보지 못한 독특한 작품이 많아서 새로운 시각을 깨울 수 있을 거야. 구하우스의 정원은 '2021년 양평군 내 아름다운 민간 정원'으로도 선정되었다고 해. 계절마다 달라지는 풍경도 즐길 거리 중 하나야.

📍 경기 양평군 서종면 무내미길 49-12
☎ 031-774-7460
🕐 (3~10월) 수~금 13:00~17:00 /
   토, 일 10:30~18:00
   (11~2월) 수~금 13:00~17:00 /

토, 일 10:30~17:00 / 월, 화 휴무
🌐 koohouse.org
📖 미술 감상 후에는 근처에 있는 스페이스서종 카페에 들르길 추천해. 북한강이 보이는 갤러리 카페인데 속이 뻥 뚫릴 거야.

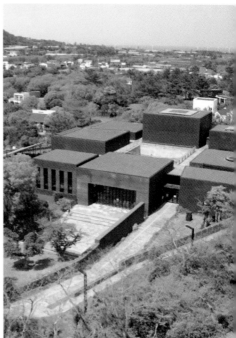

물방울 예술가의
작품을 기리는

제주도립
김창열
미술관

일평생을 물방울 그림에만 집중해 '물방울 작가'라고
불리는 김창열 화백의 정신을 기리기 위해 세워진
김창열미술관. 이곳은 빛과 그림자가 공존하는 미술관으로,
무려 1,500평의 대지 면적 안에 빛의 중정과 각각의
방들로 구성되어 있어. 곳곳에서 발견할 수 있는 물방울
조형물은 보는 각도에 따라 빛이 달라지기도 해서 볼수록
마음이 치유될 거야. 김창열미술관은 자연과 예술이
어우러진 '저지문화예술인마을' 안에 있어. 다양한
영역의 예술가들이 머물며 예술 활동을 하고 있는 마을로,
제주현대미술관, 갤러리, 책방, 카페 등 구경할 공간이
많으니 여유 있게 둘러보는 것을 추천해.

📍 제주 제주시 한림읍 용금로 883-5
📞 064-710-4150

🕐 화~일 09:00~18:00 / 월 휴무
🔗 kimtschang-yeul.jeju.go.kr

천천히 산책하기 좋은

이함캠퍼스

2022년 개관한 따끈따끈한 장소 이함캠퍼스는 무려
1만 평 부지에 지어진 복합문화공간이야. 이함은
(무엇이든 담을 수 있는) '빈 상자'라는 의미를 지녔다고
해. 누구나 이곳에서 예술과 문화로 채워가길 바라는
마음에서 만들어졌어. 5,000원의 입장료를 낸 후
이함캠퍼스로 입장하면, 드넓은 공간에 펼쳐지는 멋진
건축물과 초록초록한 수목의 조화를 즐길 수 있어. 본관인
이함캠퍼스, 삼각형 모양의 이함창고, 연못을 갖춘
베이커리 카페 등 6개의 건축물이 조화를 이루고 있어.
캠퍼스를 천천히 걸으며 한 곳씩 관람해보는 것을 추천해.

📍 경기 양평군 강하면 강남로 370-10
📞 0507-1328-7916
🕐 화~일 10:00~18:00 / 월 휴무
🌐 ehamcampus.com

🚗 차를 가져간다면, '이함캠퍼스입구'
(경기도 양평군 강하면 전수리 528-9)로
네비게이션을 찍고 가야 주차장에 도착할 수
있어.

나만의
리틀
호레스트

마을 후근하게 쉬다 모는 곳 '촌캉스'

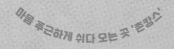

탁 트인 들판, 밤하늘을 수놓은 별, 상쾌한
공기가 반겨주는 시골 마을의 오래된 집으로
떠나보자. 낮에는 뒹굴뒹굴하며 수다를
떨다가 마당에서 밥을 해 먹고, 계곡물에
발도 담가보는 거야. 예능 프로그램
<삼시세끼>가 부럽지 않은,
촌캉스 숙소를 소개할게.

**산 중턱에서 만난
시골집**

도곡별장

탁 트인 자연 경치와 고풍스러운 분위기가 있는 이곳은
밀양산 작은 솔방마을에 있어. 산으로 둘러싸여 공기가 좋고
마음이 치유되는 기분이 들어. 프라이빗하게 독채를 사용할
수 있고 거실과 부엌, 침실 등 시설이 깨끗하다는 평이
자자해. 마당에는 넓은 평상과 야외 테이블, 의자가 있어서
맑은 공기 속에서 휴식을 취할 수 있지. 그리고 바비큐는 꼭
신청해줘. 산속에서 여유롭게 즐기는 바비큐는 정말 꿀맛일
테니까. 촌캉스임에도 와이파이와 블루투스 스피커가
구비되어 있지만 소음이 지나치지 않게 조심하며 평화로운
마을의 고요함을 지켜주자.

ⓘ

ⓠ 경남 밀양시 상동면 도곡1길 159-22   ⓘ dogok.house
☑ 인스타그램 DM 문의 또는 에어비앤비 예약

**시골 정취를
한껏 뽐내는**

고가원

평창 깊은 산속에 있는 조용한 강원도 전통 가옥으로 하나의
지붕 아래 사랑방과 초롱방, 2개의 방으로 이루어져 있어.
역사가 깊지만 내부가 깔끔하게 관리되어 있고 5번이나
재방문한 사람이 있을 만큼 호평이 자자해. 이곳에서는
솥뚜껑 바비큐를 해 먹을 수 있어. 어둑어둑해진 밤에 경치
좋은 마당에서 솥뚜껑에 노릇노릇하게 구운 삼겹살로
저녁을 먹으며 온기가 가득한 촌캉스를 즐겨보자.

ⓘ ···

📍 강원 평창군 방림면 고원로 1233-3   ✅ 네이버 예약
📞 0507-1494-1025   📷 goga_won

오두막에서의 하룻밤

꽃신민박

아늑한 오두막집에서 머물러볼 수 있는 이곳은 제주의 작은 시골 마을에 있어. 안채 큰 방과 작은방, 오두막 독채, 총 3가지 종류의 방이 있는데, 다른 곳에서 쉽게 볼 수 없는 감성의 오두막 독채가 가장 인기 많은 편이야. 숙소에는 사장님이 직접 가꾸는 작은 텃밭과 정원이 있어. 잘 가꾸어진 정원은 마치 하나의 예술 작품과도 같고, 사장님이 키우신 텃밭 채소와 요거트, 커피 등의 조식을 무료로 제공해. 낮에는 바람에 부딪히는 나뭇잎 소리가 들리고, 밤이 되면 하늘에서 별이 가득 쏟아져. 아침에는 고양이와 새소리를 모닝콜 삼아 기분 좋게 눈을 뜰 수 있지. 숙소 곳곳에 사장님 감성과 취향이 드러나는 소품이 따스함을 더해줄 거야.

ⓘ

◉ 제주 제주시 한경면 용금로 552-3 　　　❤ 네이버 예약
☎ 010-3829-5836

옛 할머니집의 포근함

장산리
밭가운데집

1958년도에 지어진 농가 주택으로 안채와 사랑채로 구성된 전통이 깊은 시골집이야. 안채에는 주인 부부가 살고 있고, 사랑채는 손님들이 머무는 공간이지. 원래 외양간으로 쓰던 공간을 부엌으로 개조해 손님들이 프라이빗하게 요리해 먹을 수 있도록 마련해놨어. 그 외에도 식탁과 의자 등 사장님과 사모님 정성이 깃들어 있어 정겨움으로 가득해. 낮에는 툇마루에서 햇볕을 만끽하고, 밤에는 시원한 시골 바람을 쐬며 온전히 즐겨보자. 한적한 시골이지만 고양이들이 심심하지 않게 반겨줄 거야. 야외에서 아궁이에 바비큐를 구워 먹고 부엌에서 가볍게 2차를 이어가며 잊을 수 없는 저녁 시간을 보내보자.

ⓘ

📍 충남 태안군 태안읍 그절미길 30-8
📞 010-9135-6787

✅ 에어비앤비 예약
🔗 airbnb.co.kr/rooms/45128562

**풀벌레 소리와 함께
전원생활**

평사리의
그집

촌캉스의 감성을 맘껏 누릴 수 있지만 한옥임에도 불구하고
내부가 깔끔하게 되어 있는 독채 숙소로 경치와 감성,
편리함을 모두 잡은 곳이야. 드넓은 평사리 들판이 한눈에
내려다보이고 도보 5분 거리에 버스정류소가 있어서
개인 차량 없이 오기에도 좋아. 부엌에는 냉장고와 오븐,
전자레인지, 정수기 등이 있어 웬만한 요리는 할 수 있고
탁 트인 통창 뷰에 기분이 정화될 거야. 원룸 형태로 거실과
침실, 부엌과 화장실이 이어져 있어서 불편함이 없어.
마당에는 흔들의자가 마련되어 있어서 여유로움을 누리기에
완벽해. 풀벌레 소리를 들으며 시골의 삶을 느껴보자.

ⓘ

📍 경남 하동군 악양면 평사리길 7-27　　✅ 에어비앤비 예약
☎ 055-884-7285　　　　　　　　　　　🌐 airbnb.co.kr/rooms/45320584

황토와 나무로
한 땀 한 땀 빚어진

가고픈흙집

공기 좋은 곳에서 아무것도 하고 싶지 않다면 바로 여기로 떠나보자. 주인장이 혼자 깊은 산중에서 순수한 황토와 나무, 돌로 2년 동안 정성스럽게 빚은 흙집이야. 황토가 주는 편안함 때문인지 마음이 맑고 평안해질 거야. 입실시간에 맞춰서 아랫목을 따뜻하게 데워줘서 겨울에도 추위 걱정 없이 뜨끈하게 잠들 수 있고, 각 객실마다 개별 평상이 있어서 흙 내음과 나무 내음, 시냇물 소리와 함께 삶의 속도를 잠시 늦춰보기에 좋아. 방 안에는 화장실과 간단한 주방이 있고 TV와 와이파이는 없어서 이곳에 머무는 시간만큼은 세상과 분리되어 온전한 시간을 보낼 수 있지. 저녁에는 타닥타닥 타는 장작불에 고기를 노릇노릇 구우며 담소를 나눠보자. 흙집의 건강한 분위기가 에너지를 가득 채워줄 거야.

ⓘ ....

◉ 충북 단양군 단성면 양당1길 75
☎ 010-6436-8595

✅ 홈페이지 예약
◉ gagopoonmud.com

✦
도심 속 통나무집

그랜마
하우스

서울 근교에서도 촌캉스를 즐길 수 있는 곳 그랜마하우스로 가보자. 호스트의 어머니가 민박집으로 사용하던 공간이 아늑한 감성이 넘치는 숙소로 재탄생한 한옥집이야. 남양주 산속에 있는데 근처에 작은 계곡이 있어서 물놀이를 즐길 수 있어. 숙소는 할머니 집 분위기에 현대적 감성이 녹여져 있어서 포근함을 자아내. 벽걸이 부채와 밀짚모자, 병풍과 고무신 등 예스러운 소품들이 시골 감성을 더해줘. 저녁에는 미리 신청하면 바비큐를 즐길 수 있는데 숯불과 가스버너 모두 신청 가능해. 방은 총 3가지 타입이 있고 방마다 사이즈와 특징이 조금씩 다르니 예약 사이트에서 미리 확인해봐.

ⓘ ....

📍 경기 남양주시 오남읍 팔현로 278-11
✅ 에어비앤비 예약
📞 airbnb.co.kr/rooms/44294297

BOOK stay

생각 지우기

오로지 책과 나에게만 집중하는 '북스테이'

가끔 온종일 책에 파묻혀 독서에 푹 빠지고 싶은 날이 있어. 번잡한 생각들은 지우고 오로지 글의 세계에만 집중하고 싶은 그런 날 말이야. 복잡한 삶에서 잠시 벗어나, 여기저기 돌아다니는 일정으로 가득한 여행보다 책과 함께 오롯한 휴식을 취할 수 있는 여행을 떠나보면 어떨까? 그런 여행을 도와줄 북스테이를 추천할게.

모티프원

문화와 예술이 있는 파주 헤이리마을 안에 모티프원이라는 북스테이가 있어. 나를 살아 있게 만드는 최고의 이유라는 뜻답게 이곳에는 박찬욱 영화감독, 우아한 형제들 김봉진 대표 등 자신의 삶의 동기를 실현시키고 있는 여러 분야의 혁신가들이 다녀간 곳으로도 유명해. 이 숙소의 가장 매력적인 점은 바로 객실의 통창으로 보이는 뷰야. 사장님이 숙소 주변에 손수 심은 나무와 담쟁이넝쿨 덕분에 방 안에서 아름다운 풍경을 누릴 수 있어. 여름에는 이파리가 무성한 초록 뷰를 볼 수 있고, 겨울에는 눈 쌓인 풍경을 볼 수 있지. 북스테이답게 공용 공간은 모든 벽면이 책으로 빼곡히 채워져 있고, 각 객실마다 서로 다른 책들이 꽂혀 있어. 숙소에서 조용히 나만의 시간을 보내다가 한번씩 심심해지면 헤이리마을을 여유롭게 산책하는 것도 잊지 말아줘.

📍 경기 파주시 탄현면 헤이리마을길 38-26
📞 0507-1381-0902
✅ 네이버 예약
🔗 motifone.co.kr

촌캉스와
북캉스를 한 번에

이후
북스테이

책에 관심 있다면 망원동의 독립서점인 이후북스를 한 번쯤 들어봤을 거야. 이후북스테이는 이후북스에서 운영하는 곳으로 대형서점에서 만날 수 없는 독립 서적이 가득한 북스테이야. 강원도 영월에 동강이 흐르는 한적한 시골에 있어 촌캉스와 북캉스를 한 번에 즐길 수 있다는 게 이 숙소의 가장 큰 매력이지. 그리고 사람을 좋아하는 강아지들이 반겨줘 체크인할 때부터 기분이 좋아져. "산책 가자!" 한마디면 동강 산책을 가이드해주는 똑똑하고 사랑스러운 강아지야. 투숙객에게 돗자리와 파라솔 등 피크닉 세트를 대여해주니 동강 산책은 필수 코스로 다녀오길 바라. 책에 온전히 집중하도록 와이파이는 없지만 무료함을 달래줄 노래방 기계가 있으니 책과 함께 고요한 시간도, 노래와 함께 신나는 시간도 모두 즐겨봐.

📍 강원 영월군 영월읍 동강로 642-39
📞 010-8978-8142
✅ 전화 예약

💬 blog.naver.com/afterbookstay
🐾 반려동물 동반 가능 / 바로 옆에 또 다른 매력을 가진 2호점 점숙씨도 있어.

**취향별로 머무르는
이색적인 공간**

이루라책방
북스테이

책에 집중할 수 있는 고요한 공간을 넘어 특별한 분위기에서
독서를 즐기고 싶다면 이루라책방 북스테이를 추천해.
이곳에는 특별한 콘셉트를 가진 객실들이 있거든. 키 작은
호빗족이 살고 있을 것 같은 아담한 호빗하우스,
들어서자마자 나무 향이 풍기고 천장까지 유리창으로 되어
햇살 가득한 글래스트리하우스, 집 어딘가 숨겨진 공간처럼
아늑한 느낌을 주는 비밀다락 오두막, 캠핑 감성 가득한
루프탑글램핑텐트로 총 4가지 객실이 있어. 각 객실마다
다른 개성이 있어서 아늑함, 이색, 자연 등 원하는 무드에
따라 숙소를 선택할 수 있어.

ⓘ

📍 인천 강화군 내가면 황청포구로333번길
   27-1
☎ 0507-1325-3595

✅ 네이버 예약
📷 leeroorabooks

프라이빗한 독채

아르카북스
북스테이

보통 북스테이는 객실이 여러 개고, 공용 공간을 함께
사용하는 게스트하우스 형태야. 그래서 나 혼자 책에
집중하기에는 좋지만, 가족이나 친구들과 오붓한 시간을
보내기는 어려워. 하지만 아르카북스는 프라이빗 독채
북스테이로 서점동의 부대시설과 자연 풍경까지 투숙객
단독으로 이용할 수 있어. 아르카는 이태리어로 '방주'라는
뜻으로 피난처를 말한다. 책을 읽으며 잠시 삶을 멈추고
치유하며 회복하는 시간을 가지자는 게 이곳의 지향점이야.
그에 걸맞게 숙소 앞에 펼쳐진 넓은 평지와 평택호 뷰가
보기만 해도 마음이 편안해져. 아늑한 숙소와 서점동은
책에 집중하며 함께하는 사람들과 시간을 보내기에 좋은
곳이야. 서점동은 북카페로 운영되는 낮에는 다른 손님과
함께 사용하지만, 저녁 이후로는 투숙객만 단독으로 사용
가능해. 인덕션과 조리 도구가 갖추어져 있어서 취사가
가능하고, 입실 시 빵, 과일, 커피 등 웰컴 푸드를 제공하고
있어.

경기 평택시 현덕면 덕목5길 122-11
아르카북스
0507-1328-8695

네이버 예약
blog.naver.com/changjak

제주 여행에 책을 더하다

하다책숙소

동사 '하다'와 책이라는 단어를 합친 제주의 하다책숙소. 숙소에서 읽은 책의 문장이 마음에 영향을 미치고 행동할 수 있는 동기를 주는 보금자리라는 의미를 가졌다고 해. 1층은 공용 공간, 1층 일부와 2층은 객실로 사용하는 게스트하우스 형태의 북스테이지만, 도미토리가 아닌 화장실을 따로 사용하는 개별 룸이라 편하게 묵을 수 있어. 체크인을 하면 손편지와 사장님이 직접 만든 수제 드립백이 따뜻하게 맞이해 줘. 1층 공용 공간은 살구빛 타일과 버건디 색의 벽으로 감각적인 공간으로 꾸며져 있고, 이곳에는 투숙객이 읽을 수 있는 많은 책들이 비치되어 있어. 공용 공간의 책에는 사장님이 직접 남긴 코멘트뿐만 아니라 투숙객들이 남기고 간 감상평도 간혹 발견할 수 있어서 책과 코멘트를 함께 보는 재미가 있을 거야. 서귀포에 있기 때문에 한림 등 서쪽과 서귀포 남쪽을 여행할 예정이라면 이곳을 추천해.

ⓘ ···

📍 제주 서귀포시 안덕면 서광사수동로20번길 14   ✅ 문자 예약
☎ 010-6690-5123   🌐 hadabookstay.modoo.at

**여행, 책, 일
모두 놓칠 수 없을 때**

고요산책

제주도 여행, 책, 일 세 마리 토끼를 한 번에 잡고 싶다면 고요산책을 추천할게. 동문시장까지 도보 7분 거리인 제주 시내 중심에 있어 시내를 비롯해 애월과 함덕까지 여행하기 좋은 위치야. 공용 공간 고요북라운지는 코리딩&워킹 스페이스로 책을 읽기 위함뿐만 아니라 일을 할 수 있는 공간이야. 너무 조용한 공간에서는 노트북 타자 소리가 커서 일하기가 부담스럽지만, 이곳에는 함께 일하는 사람들이 있어 눈치 보지 않고 편하게 일할 수 있어. 고요북라운지는 24시간 운영되기 때문에 늦은 새벽에도, 이른 아침에도 투숙객이라면 언제든 이용 가능해. 룸에는 화장실이 있는데, 화장실과 샤워실이 따로 분리되어 더욱 청결한 인상을 줘. 또 룸마다 방음벽이 설치되어 숙소 이름처럼 아주 고요한 시간을 보낼 수 있어.

ⓘ

📍 제주 제주시 중앙로12길 5 1층
☎ 0507-1330-2036

✅ 에어비앤비 예약
📷 goyowalk_jeju

자발적 고립을 위한
썸원
스페이지숲

내 취향의 책을 읽는 것을 넘어 나와 또 다른 생각과 취향을 가진 다양한 사람들의 이야기를 접하고 싶다면 썸원스페이지숲 북스테이를 추천해. 썸원스페이지란 이름처럼 누군가의 마음이 담긴 기록 한 페이지를 엿볼 수 있는 곳이거든. 이곳엔 특별한 서재가 있어. 바로 공유 서재인 '숲속의 서재'로 전국 각지에서 다녀간 투숙객들이 남기고 간 추천 도서와 메모를 공유하는 공간이야. 그래서 서재 한쪽 벽면에는 투숙객의 메모로 가득 차 있지. 산속에 있어 도시의 소음도, 빛 공해도 없어서 맑은 날이면 하늘을 빼곡히 채운 수많은 별도 볼 수 있어. 또 천체망원경으로 달, 목성, 토성도 관측할 수 있어. 자발적 고립을 위한 북스테이기 때문에 와이파이는 제공되지 않아. 이곳에 방문하는 여행자 절반은 1인 방문객으로 혼자 여행하기 좋은 곳이야. 디지털 디톡스로 오로지 자연과 책 그리고 나 자신에게 빠져보면 어떨까?

📍 강원 춘천시 신동면 삼포길 155
📞 010-4254-5401

✅ 문자 예약
🔗 someonespage.modoo.at

비움과
채움

'지금 여기'에 머물 수 있는 '힐링 숙소'

머릿속이 시끌시끌하고 복잡해 어딘가
떠나고 싶은 그런 날. 바쁜 도심에서 벗어나
자연이 함께 있는 고요한 공간에 머물며
내 몸과 마음을 천천히 돌아보자.
온전히 비움의 시간을 보낼 수 있는 숙소에서
잠시 힘을 빼며 '지금, 여기'에 머물다 보면
마음의 여백이 생길지도.

 **지평선 아래로
스며드는 공간**

지평집

거제도 안의 또 다른 섬 가조도 끝자락에는 지평선 아래로 스며드는 공간 '지평집'이 있어. 2021년 경상남도 건축상 대상을 수상한 이곳은 심플하지만 섬세한 아름다움을 지니고 있어. 다락공간, 히노키탕, 제네바 스피커, 개별 야외 마당 등 객실마다 옵션이 달라 취향에 맞는 휴식을 보내기 좋아. 객실 통창으로 보이는 한 편의 그림 같은 뷰를 보고 있으면 그동안 뭉쳐 있던 무거운 감정과 마음이 사르르 녹을 거야. 지평집의 모든 객실에는 TV가 없어. 바람이 부는 대로, 파도가 치는 대로 그저 멍하니 머물며 나와 상대 그리고 현재에 집중하는 시간을 가졌으면 하는 의도가 담겨 있기 때문이야. 이곳에서는 TV와 스마트폰을 잠시 내려놓고, 몸에 힘을 빼고 마음을 비우며 자연의 일부가 되어보자. 하늘과 땅이 닿는 지평선 아래에서 자연과 함께 호흡을 맞추다 보면 우리가 생각지 못했던 깊은 여운을 남겨줄 거야.

- 경남 거제시 사등면 가조로 917
- 0507-1393-2030
- 홈페이지 예약

- jipyungzip.com
- 오늘 기준 120일 이후 날짜까지 예약 가능하며, 매일 자정에 하루씩 오픈해.

전 객실 바다가 보이는

고운재

정갈한 전통 한옥과 드넓은 바다가 어우러진 숙소 고운재를
소개할게. 우리가 흔히 알던 초록초록한 산과 한옥의 조합이
아닌, 맑고 청량한 남해바다가 보이는 곳이라 색다르지?
꼬불꼬불 언덕길을 따라 올라가다 보면 고운재를 만날
수 있는데, 아름다운 멋진 경치와 맑은 공기가 기다리고
있어. 모든 객실에는 바다를 한눈에 담는 통창이 있어서
매 시각 변하는 오션 뷰를 감상할 수 있어. 아침에는
햇살이 내리쬐는 바다를 보며 물멍을 즐기거나, 해 질 녘
바다를 물들이는 붉은빛 노을에 기대 황홀함을 느껴봐도
좋아. 저녁에는 각 객실 앞에 있는 테라스에서 남해바다를
배경으로 바비큐 파티를 즐기며 특별한 추억을 만들어보자.
본채에는 히노키탕이 있으니 바다를 바라보며 바다의
품 안에 안긴 듯 뜨끈하게 반신욕을 하며 하루를 마무리하기
좋을 거야. 한옥과 바다 사이에 느긋이 머물면서 복잡했던
머리를 가볍게 비워보자.

ⓘ

📍 경남 남해군 서면 남서대로 1886-65   ✉ 홈페이지 예약
☎ 010-8580-4282   🔗 guj.kr

**이곳에서는
누구나 예술가**

지례예술촌

호텔에서 경험하지 못하는 특별한 추억을 쌓고 싶다면 이곳으로 떠나보자. 굽이굽이 깊은 산길을 따라 20분 정도 들어가면 400년 세월의 흔적을 담은 멋진 고택이 펼쳐져. 오랜 세월 동안 보존된 이곳은 예술가들이 머무르며 창작활동을 하던 휴식 공간이었다고 해. 그래서인지 도심에서 느낄 수 없는 고즈넉한 여유와 감성적인 분위기가 있어. 아침에 창문을 열면 물안개 피는 잔잔한 호수가 눈앞에 펼쳐지고 바람 소리와 풀벌레 소리가 반겨줘. 밤이면 유난히 커 보이는 별들을 보며 천천히 자연에 동화되어 갈 거야. 호수가 잘 보이는 7, 8, 9번 행랑채가 가장 인기 있지만 좀 더 넓고 마루가 있는 6번 별당도 추천해. 산과 호수가 한눈에 내려다보이는 대문이 포토존이니 잊지 말고 사진 한 컷 남겨보길 바랄게. 어느 계절에 가도 색다른 이곳에서 때 묻지 않은 자연과 세월의 깊이를 느끼며 나만의 시간을 가져보길.

ⓘ

📍 경북 안동시 임동면 지례예술촌길 427
☎ 054-852-1913

✅ 홈페이지 예약
🔗 jirye.com

✦
**지리산 자락에서
느끼는 고요함**

고운동천

700고지 고도의 공기 좋은 지리산 산골에 위치한
고운동천은 고즈넉한 분위기가 멋스러워. 새소리와 함께
아침을 시작하고 밤엔 별이 쏟아지는 하늘을 만날 수 있는
휴식 그 자체인 곳이지. 봄에 오면 몽글몽글 핀 벚꽃을 만날
수 있고, 여름에는 에어컨 없이 지낼 수 있을 만큼 쾌적하고
시원하다고 해. 가을에는 화려한 단풍으로 눈이 즐겁고,
겨울에는 고요함과 적막함을 느끼기에 최적이야. 계절마다
색다른 모습을 만날 수 있는 평화로운 공간이지. 이곳은
숙박비에 저녁 식사와 아침 조식이 포함되어 있는데 제철
농산물로 만든 채식 위주의 음식이라고 해. 밥 챙겨 먹는
수고로움 없이 오로지 휴식을 즐길 수 있어서 좋아. 객실은
총 4개 종류가 있는데 각기 매력은 다르지만 화장실을
중요하게 생각한다면 동백꽃과 구절초를 추천할게.
떠들썩한 도심과 무언가 해야 한다는 강박에서 벗어나
나에게 평온과 쉼을 선물해보자. 이곳에서의 경험은
두고두고 잊지 못할 평화로운 추억이 될 거야.

ⓘ ....

📍 경남 산청군 시천면 고운동길 377   ✅ 네이버 예약
☎ 010-9732-1377   🅾 goun._.dongcheon

도심 속에서 찾은 휴식

보안스테이

서울 안에서 잠시 여유를 만끽하고 싶다면 고요한 동네 서촌에 있는 보안스테이로 떠나보자. 경복궁 돌담길을 따라 느긋하게 걷다 보면 나오는 이곳은 1942년부터 숙박 공간으로 쓰였던 옛 보안여관을 현대식으로 재해석한 숙소로 그 옆에 나란히 자리 잡고 있어. 보안여관은 윤동주, 이중섭 등 수많은 문인이 여러 밤을 보낸 문학인들의 아지트라는 점이 특별해. 카페와 서점, 전시 공간이 함께 있는 복합문화공간으로 운영되며, 모든 계절이 아름답지만 색채가 진한 여름과 가을에 방문하길 특히 추천해.
시끄러운 도시의 소음에서 한 발짝 벗어나 따뜻하고 아늑한 방에 들어서면 왜인지 천천히 그리고 느리게 시간을 보내고 싶어져. 크고 네모난 창 너머로 한눈에 들어오는 경복궁과 매력적인 한옥 지붕들을 보며 멍하니 생각에 잠겨볼까? 그러다 쏟아져 들어오는 햇살을 느끼며 창문에 걸터앉거나 흔들의자에 몸을 맡긴 채 옛 문인들을 떠올리며 두어 시간 독서를 즐겨봐도 좋아. 재충전이 필요한 날 혼자 조용히 머물며 온전히 나를 위한 시간을 보내보자.

ⓘ ....

📍 서울 종로구 효자로 33 신관 3, 4층   ✅ 홈페이지 예약
📞 02-720-8409   🔗 b1942.com

힐링이 필요한 날의 플레이리스트

힐링 여행을 떠났다면, 힐링을 위한 노래를 준비물로 챙겨보자.
분위기별로 선곡했으니 지금 내게 필요한 노래를 골라 들어봐.
혹시 훌쩍 떠나기 어려운 날이라도 노래를 들으면 달라지는
분위기에 스위치를 바꾸듯 바로 기분 전환할 수 있을 거야.

✦ 위로

누군가의 빛나던 —— 위수

"힘들어요. 솔직히 말하면 내가 뭐하고
있는지도 잘 모르겠어요." 덤덤히 운을 띄우는
첫 소절을 듣는 순간 벌써 위로가 되는 듯해.
내가 너무나 작아져 초라하게 보일 때도, 나는
누군가에게 빛나는 존재임을 기억하길 바라는
마음을 담은 위로의 노래야.

우리의 슬픔이 마주칠 때 —— 전진희 (with. 강아솔)

가끔은 어떠한 말로도 위로가 되지 않는
순간이 있어. 백 마디 말보다 함께 쉬어주는
한숨, 이해심이 어린 눈 맞춤이 더 큰 위로가
되고는 해. 이런 고요한 위로가 필요한 날,
우리의 슬픔이 마주칠 때 그냥 웃어주자고
이야기하는 이 노래가 한숨과 눈 맞춤이
되어주길.

✦ 평온함

Okinawa —— 92914

잔잔한 파도 소리로 시작하는 이 노래는
가만히 듣고 있으면 살랑살랑 파도치는 하늘빛
바다 앞에 앉아 쉬고 있는 듯한 느낌이 들어.
분주한 순간 잠시 모든 걸 멈추고, 언제까지고
머무르고 싶은 평온함이 잔잔히 스며드는
기분을 느껴봐.

갈래 —— 다린

차분한 새벽 같은 목소리의 가수 다린. 모두가
잠든 고요한 새벽에 소곤거리는 듯한 아주
작은 볼륨으로 이 노래를 들어보길 바라.
사랑이 되어가는 순간을 노래하는 가사를 듣다
보면 평온함 속에서 충만해지는 감정을 느낄
수 있을 거야.

✦ 퇴근길 힐링

집에 가자 —— 스텔라장

퇴근하고 회사를 벗어나면 이어폰을 끼자마자
이 노래를 꼭 들어줘. 경쾌한 목소리로 맛있는
과자, 맥주를 양손에 무겁게 사 들고 집에
가자는 이 노래보다 더 완벽한 퇴근길 힐링
노래가 또 있을까? 몇 번이나 본 영화를 또 보고,
누워만 있다가 스륵 잠들자는 가사까지 퇴근 후
집에서 보내는 완벽한 힐링이 따로 없어.

Home —— 꿀잠 프로젝트

해가 어스름하게 질 무렵이면, 각자의
일터에서 시간을 보낸 우리 가족들이 하나둘
집으로 돌아오는 정겨운 모습을 담은 노래야.
일하느라 지친 마음을 안은 채 가장 안전하고
포근한 집으로 돌아오는 길, 가족들과 함께 그
마음을 풀어내는 순간을 기대하며 퇴근길에
이 노래와 함께해봐.

✦ 용기

Butterfly —— 권진아

알을 깨고 나온 나비가 낯선 세상을 향해
첫 날갯짓을 하는 순간, 설렘도 있겠지만
두려움도 있을 거야. 그러나 두려움을
이겨내고 용기 있게 첫 날갯짓을 하는
나비만이 날개를 스치는 부드러운 햇살과
살랑이는 바람을 온전히 가질 수 있지. 첫발을
내딛는 당신에게 이 노래가 용기를 주길.

파란 —— 김마리

파란. 순탄하지 않고 어수선하게 계속되는
여러 가지 어려움이나 시련이라는 뜻을 가진
단어야. 넘어지는 순간은 무너지는 것이 아닌
더 낮은 곳에서 세상을 보게 해주는 순간이고,
헤매는 시간은 버려지지 않고 내일로 더
가까워지는 것이라며, 시련을 새로운
관점으로 풀어낸 이 노래로 용기를 잃지
않았으면 해.

✦ 응원

역대급 WALK —— DAY6

혹시 지금 역대급 힘든 순간을 보내고 있어?
그런데 조금만 더 떠올려보면 과거 어느
순간에도 '지금만큼 더 힘든 순간이 있을까?'
싶은 때가 있었을 거야. 어차피 힘든 일은 매번
역대급이니 신경 쓰지 말고 가고 싶은 대로
가라는 이 노래를 구호 삼아 힘차게 지금을
극복하길 응원할게.

행운을 빌어줘 —— 원필

우리 삶에 행운이 필요한 순간이 있어. 어떤
결말로 맺어질지 모르는 새로운 시도와 도전
앞에서 얼마나 행운이 간절해지는지 몰라.
그런 모든 이들을 위해 행운을 빌어주는
노래야. 응원 가득 받고서 부디 가벼운
마음으로 새롭게 발을 내딛기를 바랄게.

Chapter 3

지금 이 순간을 놓치기 싫어

계절 여행 방법

봄의
활력
가득

햇살과 꽃의 화사함 가득한 '봄 스팟'

Spring

Energy

햇살이 따뜻해지고 꽃 내음이 나기 시작하면
어느새 봄이 왔음이 실감 나. 초록빛을
더해가는 자연의 모습처럼 웅크렸던
내 마음도 기지개를 펴고 어디론가 떠나고
싶어서 일렁일렁하곤 하는 시기, 봄꽃을
제대로 즐길 수 있는 곳들을 소개할게.
드라이브를 하며, 신나게 놀며,
편안하게 쉬며 나에게 맞는 방식으로
봄을 즐겨보길 바라.

꽃 터널을 달리는
드라이브 코스

강원
네이처로드

따스한 봄날, 벚꽃이 만개한 곳으로 드라이브를 떠나보자.
창문을 내리고 흩날리는 벚꽃 사이를 달리다 보면 내 마음도
분홍분홍한 벚꽃색으로 물들 거야. 강원 네이처로드는
강원도 곳곳의 숨은 자연 풍경을 만날 수 있는 관광 도로야.
1코스부터 7코스까지, 8자 모양으로 이어지는 길을
굽이굽이 달리다 보면 다채로운 풍경이 펼쳐져.
봄에는 거의 모든 길에서 벚꽃을 만날 수 있지만, 특히
2코스인 설악드라이브길은 설악해맞이공원에서 설악산로를
따라 산 입구까지 풍성한 벚꽃길이 이어지며 환상적인
풍경을 만들어내. 6코스는 바다 드라이브 길로, 망상해변 앞
유채꽃밭의 풍경도 함께 즐길 수 있어.
보고 싶은 풍경에 따라서 코스를 골라봐. 1코스는
강촌IC교차로에서 시작하고, 7코스는 마곡유원지에서 끝나.
강원 네이처로드에 드라이브를 갈 예정이라면, 홈페이지를
꼭 먼저 방문해보길 추천해. 네이처로드의 멋진 영상을
감상할 수 있고(여기서 이미 반해버릴 거야), 각 코스에 맞는
카카오맵 네비게이션 링크를 제공하고 있어. 근처 숙박,
카페, 걷기 좋은 길 등 네이처로드와 관련된 모든 정보도
한 곳에서 볼 수 있어.

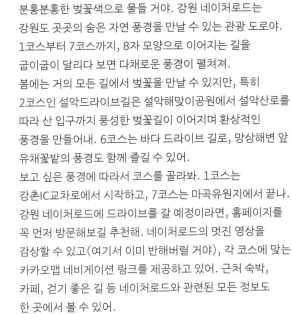

📍 강원 춘천시 남면 발산리 '강촌IC'
　 (1코스 시작 지점)
☎ 02-518-6760
🌐 natureroad.gangwon.kr

🎫 홈페이지에서 각 코스 근처의 관광지에
　 입장할 수 있는 패스를 저렴하게 판매하고
　 있으니 여행 계획 전에 체크해봐.

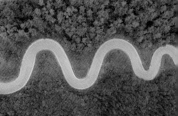

이월드

전국에서 벚꽃을 가장 먼저 볼 수 있다는 대구 이월드의 벚나무는 여의도 윤중로보다 무려 3배나 많다고 해. 그래서인지 팡팡 터지는 벚꽃 팝콘으로 모든 장소가 포토존으로 탈바꿈함. 게다가 놀이 기구와 벚꽃의 조합이라니 실패할 수 없는 풍경이잖아.

그중에서도 가장 유명한 포토 스팟이 있어. 첫 번째는 바로 빨간 버스 앞이야. '이월드 벚꽃'이라고 검색하면 가장 많이 볼 수 있는 이 버스 주변으로는 벚꽃이 좀 더 풍성하게 피어 있어. 빨간색 포인트가 분홍색 벚꽃과 잘 어우러져서 인생 사진을 얻을 수 있지. 빨간 버스 뒷길로 쭉 가다 보면 두 번째 포토 스팟, 벚꽃 테라스를 만날 수 있어. 만개한 벚꽃 앞에 카페에 있을 법한 테이블과 의자가 놓여 있어서 사람 없는 배경에서 사진을 찍을 수 있어.

낮에도 예쁘지만 밤에 보는 야간 벚꽃도 정말 아름다워. 대구 어디서나 보이는 83타워 전망대에 올라가서 이월드를 내려다보면 벚꽃 장관을 한눈에 감상할 수 있어. 83타워로 걸어 올라가는 길이 마지막 포토 스팟이야. 길 양쪽을 가득 채운 벚꽃터널 풍경에 얼굴의 미소도 만개할 거야.

⊙ 대구 달서구 두류공원로 200
☎ 053-620-0001
⊙ 월~목 10:00~21:30 /
　금, 일 10:00~22:00 /
　월별로 시간이 바뀌니 방문 전 확인
⊙ eworld.kr

📖 매년 벚꽃 개화 시기에 맞춰 3월 중순 즈음 벚꽃 축제가 시작되니, 오픈 시기를 기다렸다가 방문해보길 바라. 실시간 개화 상황은 이월드 공식 인스타그램에서 확인할 수 있어.

봄의 첨성대까지
걸어서 10분

미: 영_
다정하고
따뜻한집

경주는 벚꽃과 참 잘 어울리는 동네야. 한옥과 문화 유적, 고즈넉한 동네의 분위기가 벚꽃을 만나 만개하는 느낌이랄까. 그래서 벚꽃 시즌의 경주는 인기가 절정에 달해.

미: 영_다정하고따뜻한집은 복작복작한 봄의 경주에서 한적하게 누워 벚꽃을 즐길 수 있는 숙소야. 큰 대문을 열고 들어가면 마당을 지나, 벽돌로 지어진 아늑한 가정집이 보일 거야. 내부에 있는 앤티크한 가구들과 빈티지한 소품들은 마치 오래된 옛집에 온 듯 편안한 분위기를 만들어줘. 마당에 앉아 큰 대문을 바라보면, 담장 너머 높이 솟은 벚나무와 눈이 마주칠 거야. 마당에 있는 테이블에 앉아 하염없이 벚꽃 뷰를 볼 수 있지. 관광지의 풍성한 벚꽃길은 아니더라도, 분홍 꽃과 파란 하늘의 조합은 소소한 행복을 주기에 충분해. 첨성대까지 도보로 10분 거리에 있어서 관광지를 다니기에도 불편함이 없을 거야. 에어비앤비 평점 4.97점으로, 친절한 호스트, 그리고 사진과 똑같이 예쁜 숙소에 만족했다는 후기를 볼 수 있어.

📍 경상북도 경주시 황오동
✅ 에어비앤비 예약
🔗 airbnb.co.kr/
　　rooms/572652771742298852

🕐 벚꽃 시즌에는 예약이 빨리 끝나니, 미리 예약하길 추천할게. /
구체적인 주소는 예약 후 받을 수 있어.

벚꽃 구름 위의
흰 건축물

에이엔디
클라우드

경기도 양평에 있는 에이엔디 클라우드는 북한강을 내려다볼 수 있는 아트스테이야. 건축가가 설계한 이 숙소는 외관에서부터 감각적인 디자인을 자랑해. 음악과 책이 있는 라운지, 프라이빗하게 이용할 수 있는 루프탑, 그네가 있는 그라스 정원 등 숙소 곳곳에는 여유를 즐길 수 있는 공간이 마련되어 있어. 봄이 되면 주변을 둘러싼 벚나무에서 하나둘 꽃이 피어나 마치 벚꽃 구름 위에 흰 건축물이 떠 있는 듯한 진풍경을 만들어내. 작은 정원에서는 차를 마시며 꽃멍을 때릴 수 있고, 루프탑에 올라가면 북한강과 함께 아름다운 뷰를 즐길 수 있을 거야. 조식과 해피아워(16:00~17:00)의 와인은 숙박객에게 무료로 제공돼.

ⓘ

📍 경기 양평군 서종면 당목뿌리길 75
☎ 0507-1355-5904
✅ 홈페이지 예약

🔗 andcloud.kr
🍴 자연과 함께하는 바비큐를 예약해봐.
봄 풍경을 즐기는 좋은 방법이 될 거야.

150

**벚꽃 마당에서
커피 한 잔**

그레이랩

그레이랩 커피 바는 벚꽃 가득한 난간 앞에서 찍는 사진이 유명해. 야외 마당에 벚나무들이 심어져 있어서 따뜻한 날씨에 나들이 나온 기분을 느낄 수 있어. 2층 테라스가 유명한 포토 스팟이지만, 1층 내부 또한 한 면이 통창이고 야외 좌석도 많아서 어느 곳에 앉아도 벚꽃을 구경할 수 있어.

📍 서울 마포구 토정로3길 16
☎ 02-333-5694
🕐 월~금 10:00~22:00 /
　토, 일 12:00~22:00

📷 greylab_
📋 2층 테라스는 주말만 운영하기도 하니
　인스타그램을 참고하고 방문해봐.

수로왕릉 뷰를 담은
해이담커피

수로왕릉 돌담길 앞에 위치해 '김해의 돌담길'이라는 뜻으로 지은 해이담커피. 모던한 외관과 우드톤의 인테리어가 고즈넉한 수로왕릉과 어울려 고급스러운 분위기를 자아내. 크게 난 통창 덕분에 돌담 넘어 흐드러지게 핀 벚꽃을 즐기며 커피를 마실 수 있어. 커피 한잔한 후, 돌담길을 걸으면 완벽한 벚꽃 엔딩이 될 거야.

📍 경남 김해시 분성로 287-14 1동
☎ 0507-1365-5517
🕐 월~금 12:00~21:00 /
   토, 일 11:30~21:00

📷 haeedam.coffee
🍽 야외 테라스존에 앉으면 돌담과 함께 사진을 찍을 수 있어.

외출
욕구
뿜뿜

날씨와 자연이 주는 선물, '피크닉 명소'

GO Out!

너무 덥지도 않고, 춥지도 않은 계절 봄과 가을. 적당히 따스한 햇살과 선선한 바람이 부는 날씨에는 집에 있기에 아까운 마음이 들어. 그래서인지 집순이인 사람들도 자꾸만 외출하고 싶게 만드는 것 같아. 알록달록한 돗자리와 얇은 카디건 하나만 챙기면 하루 종일 자연 어디에서든 피크닉을 즐길 수 있는 건 이 계절만이 주는 행복이야. 날씨가 좋아 동네 공원만 나가도 충분하겠지만, 조금 더 프라이빗하고 특별한 감성이 있는 피크닉 장소들을 소개할게.

우리끼리만
누리는 잔디밭

앤드모안

잔디밭에 누워 여유롭게 자연을 느끼며 힐링하는 피크닉을 생각했는데, 막상 장소에 가니 돗자리 펼 공간도 없이 북적여서 당황했던 경험, 한 번씩 있지? 너무 유명한 스팟이면 아무리 예쁜 곳이라도 많은 인파 때문에 피크닉을 제대로 즐길 수 없어. 앤드모안은 도심을 살짝 벗어나 숲속에 자리 잡은 프라이빗 피크닉 공간이야. 최대 10팀까지만 이용할 수 있고, 이용객이 아닌 외부인은 입장할 수 없어서 우리끼리 조용하게 즐길 수 있지. 넓은 잔디밭에 설치된 삼각형 모양 유리 부스에서는 아늑한 피크닉이 가능하고, 그 앞에 놓인 테이블에서는 자연을 조금 더 가까이 느낄 수 있어. 예약 시 음료와 간식이 제공되고, 간단한 놀거리로 블루투스 스피커와 보드게임도 대여해줘. 피크닉이라는 콘셉트에 맞게 간식을 바구니에 담아주는 센스까지 갖췄어. 예약제로 운영되어 웨이팅도 없고, 붐비는 사람들도 없는 이곳에서 진정 여유로운 피크닉을 즐겨봐.

📍 경기 용인시 처인구 원삼면 두창리 1780
☎ 0507-1437-2876
🕐 월, 수, 목, 금 12:00~19:00 /
　 토, 일 15:00~18:00 / 화 휴무
✅ 네이버 예약

📷 and_moan
🍴 반려동물은 입장료 내고 동반 가능 /
　 국물류, 취사가 필요한 음식을 제외한 외부
　 음식 반입 가능 /
　 브런치, 파스타 메뉴 주문 가능

**과수원에서
즐기는 피크닉**

소풍

과수원 부지에 약 5,000평으로 어마어마한 규모의 정원을 갖춘 카페 소풍은 이름에 걸맞게 다양한 방법으로 피크닉을 즐길 수 있는 곳이야. 피크닉 바구니와 돗자리를 5,000원에 대여해 주고 있어서 넓은 정원 어디든 마음에 드는 곳에 돗자리를 펴면 그곳이 피크닉 스팟! 조금 더 프라이빗하고 아늑하게 피크닉을 즐기고 싶다면 캠핑 무드 가득한 텐트를 대여할 수 있어. 2시간당 60,000원으로 최대 4인까지 이용 가능해. 카페이기도 하지만 사실 이곳은 과수원이기도 해. 그래서 계절에 따라 앵두, 오디, 체리, 자두, 복숭아 등 20여 가지의 다양한 과일 수확 체험도 할 수 있지. 마지막으로 해가 지면 곳곳에 있는 모닥불에서 불멍하는 시간을 가져봐. 마시멜로, 고구마, 소시지 등 모닥불에 구워 먹을 수 있는 간식거리도 판매하니 불에 구워 먹으며 든든하게 배를 채워보자.

ⓘ

🔘 경기 양평군 양서면 골용진길 21
☎ 0507-1363-4929
🕐 월~금 10:00~21:30 /

토, 일 09:00~23:30
📷 so.poong_
🐾 반려동물은 입장료 내고 동반 가능

캠핑과 피크닉의 만남

풍사니랑

등직하고 귀여운 풍산개가 반겨주는 카페 풍사니랑을 소개할게. 이곳은 넓은 마당에서 아기자기한 피크닉을 즐길 수 있도록 라면 키트와 '캠핑크닉*Camping+Picnic*'을 운영하고 있어. 우선 라면 키트는 카페 마당에서 라면을 끓여 먹을 수 있는 세트야. 지역이 안성이기 때문에 안성탕면 라면을 제공하고, 라면의 맛을 더욱 살려줄 달걀, 떡, 치즈, 파, 김치 그리고 버너와 양은냄비를 함께 제공해. 야외에서 먹는 라면은 몇 배로 맛있게 느껴질 거야. 캠핑크닉은 아기자기하게 꾸민 3~4인용 대형 텐트와 야외 천막을 단독으로 대여하여 프라이빗 피크닉을 즐길 수 있는 프로그램이야. 샌드위치, 라면, 바비큐 세트 등 간단한 캠핑 음식을 함께 곁들일 수 있어. 순진무구한 표정의 풍산개와 마당을 자유롭게 돌아다니거나 늘어지게 늦잠을 자는 고양이를 보는 것만으로도 여유를 느낄 수 있을 거야. 가을에는 할로윈 분위기로 단장하니 가을 피크닉 겸 할로윈을 즐기러 와도 좋겠어.

- 📍 경기 안성시 삼죽면 삼백로 134-43
- ☎ 010-6657-4348
- 🕐 수~일 11:00~20:00 / 월, 화 휴무
- ✅ 카카오톡 채널 예약

(캠핑크닉에 한해 예약 필수)
- 📷 with_poongsani
- 🏠 반려동물 동반 가능 (단, 고양이들이 돌아다니고 있어 주의 필요)

**한옥 앞마당
한가로운 피크닉**

르꼬따쥬

르꼬따쥬는 카페가 아닌 농장으로 '팜크닉*farm+picnic*'을 즐길 수 있는 곳이야. 감각적인 한옥 아틀리에와 마당을 1시간 30분 동안 독채로 이용할 수 있어. 자연 속 공간에 다른 이용객도 없어서 시끌벅적한 소음 대신 풀벌레 우는 소리, 바람이 지나가는 소리 등 자연의 소리만이 흘러. 블루투스 스피커를 빌려주지만 잠시라도 음악 소리 없이 자연이 만들어낸 소리에 귀를 기울여 보자. 마당에서 자연을 충분히 느낀 후 한옥 아틀리에도 꼭 둘러보길 바라. 화려하지는 않지만 소박한 멋스러움이 공간에 가득해. 포토존으로 삼을 만한 곳이 여러 군데 있으니 예쁜 사진 남기는 것도 잊지 말자. 예약 시 음료 1잔이 기본으로 포함되어 있어.

ⓘ

📍 강원 강릉시 한밭골길 50-11
☎ 0507-1325-0813
🕐 월, 화, 금~일 10:00~17:00 / 수, 목 휴무

✅ 네이버 예약
📷 lecottage_lifestylefarm
🐾 반려동물은 입장료 내고 동반 가능

내 손으로 수확하는 기쁨

프루떼
서비스

열매를 손수 수확하는 피킹*Picking*과 피크닉을 함께 즐길 수 있도록 안내하는 서비스를 소개할게. 바로 팜 큐레이터 프루떼야. 프루떼는 경기, 천안, 영덕, 청양, 제주 등 전국의 보물 같은 농장과 함께 피킹 프로그램과 팜크닉을 만들고 소개하고 있어. 블루베리, 딸기, 체리, 귤, 포도 등 익숙한 과일부터 고구마, 감자, 당근, 초당옥수수 같은 구황작물, 그린파파야, 백향과, 용과 등 이색적인 과일까지 계절별 다양한 피킹 프로그램을 통해 내 손으로 수확하는 기쁨을 느낄 수 있을 거야. 또한 사과꽃 나무 아래의 피크닉, 호수 뷰 농장에서 즐기는 바비큐 파티, 제주 귤밭에서 산책하고 피크닉 하기 등 다양한 팜크닉도 준비되어 있지. 계절별로 색다르게 피크닉을 즐기고 싶다면 프루떼에서 프로그램을 확인 후 예약해 봐.

🌐 fruitte.co.kr/fruitte

시원한
낭만
즐기기

한여름 무더위를 날려주는 '여름 스팟'

가만히 있어도 땀이 주르륵 흐르는 여름날.
더위와 높은 습도 때문에 불쾌지수는
올라가지만, 이런 여름에만 즐길 수 있는
낭만이 분명 있어. 이를테면 고민 없이
시원한 물속에 풍덩 빠진다거나, 친구들과
수영을 하며 물장구를 치거나, 물놀이가 끝난
후 꿀맛 같은 고기와 라면을 맛보는 거지.
무더위가 오히려 좋은 여름날, 자연이 주는
물놀이 스팟부터 프라이빗하게 즐길 수 있는
수영장과 바비큐까지 소개할게.

✦

물고기와 함께 헤엄

코난해변

월정리해수욕장과 차로 3분 정도 떨어진 곳에 있는 코난 해변. 이곳은 정식 해수욕장이 아니기 때문에 인파가 적고 한적해서 유유히 자유롭게 스노클링을 즐길 수 있어. 입소문을 타서 예전보다 많이 알려지긴 했지만, 여전히 다른 유명 해변에 비해서 인파가 적은 편이야. 바닷물이 빠지는 간조 때가 수심이 얕고 파도가 잔잔해져 스노클링 하기 가장 좋은 타이밍이야. 에메랄드빛 바다를 헤엄쳐 현무암 바위섬으로 둘러싸인 곳으로 가보자. 이곳이 코난 해변에서도 가장 물고기를 많이 볼 수 있는 곳이야. 어릴 적 보았던 애니메이션 <니모를 찾아서>에서 볼 법한 줄무늬를 가진 물고기와 소라게 등 다양한 바다 친구들을 만날 수 있어. 환상적인 바닷속 풍경에 시간 가는 줄 모르고 수영할 수 있을 거야. 하지만 수심이 깊어지는 곳이 군데군데 있고, 안전 요원도 없으니 안전에 특히 유의해야 해. 암튜브 또는 구명조끼를 필수로 착용하고, 날카로운 돌에 다치지 않도록 아쿠아슈즈를 신는 걸 추천해. 그리고 해변 주변에 화장실이나 샤워실 등 편의시설이 없어서 월정리에 있는 시설을 이용해야 하는 점 참고해.

ⓘ

📍 제주 제주시 구좌읍 행원리 575-6
📅 스노클링 하기에 적합한 때는 간조 시간.
　 간조, 만조 시간을 바다 타임 홈페이지에서
미리 확인할 수 있어.
🌐 바다 타임 badatime.com

병지방계곡

바다뿐만 아니라 계곡도 훌륭한 스노클링 스팟이 될 수 있어. 횡성에 있는 병지방계곡은 물이 정말 깨끗해서 멀리서도 바닥이 비치고, 물고기가 지나가는 게 보인다고 해. 그리고 1급수에서만 산다는 다슬기까지 볼 수 있어. 계곡에서 가장 인기가 많은 스팟은 어답산 관광지야. 굴다리로 막힌 한정된 공간이 마치 자연 풀장 같아. 굴다리 사이로 나오는 물이 가벼운 물살을 만들어내 자연 워터파크를 방불케 해. 하지만 수심이 꽤 깊은 편으로 구명조끼를 착용하지 않으면 입수가 불가능해. 안전 관리 현장 지휘소에서 구명조끼를 무료로 대여해주고 안전을 관리해줘서 다른 계곡보다 비교적 마음 놓고 놀 수 있는 것도 장점이야. 또한 이곳은 취사가 가능해. 물놀이 후 먹는 삼겹살과 라면이 세상에서 제일 맛있는 거 알지?

ⓘ ....

📍 강원 횡성군 갑천면 병지방리 513-2
📝 어답산 관광지 스팟이 이미 만석이라 해도 걱정하지 마. 차로 조금만 더 이동하면

병지방계곡 물놀이 스팟이 곳곳에 있으니 말이야.

한국 속 동남아 휴양지
트리하우스

동남아로 해외여행을 간 듯한 기분을 내고 싶다면 트리하우스에서 하루를 보내봐. 이곳은 숙박이 아닌 주간 피크닉 개념으로 오전 10시부터 밤 10시까지 공간을 대여하는 곳이야. 트리하우스라는 이름처럼 나무 위에 지어진 아기자기한 오두막 4채와 프라이빗한 수영장으로 이루어져 있어. 오두막과 수영장 주변이 푸릇한 나무와 식물들에 둘러싸여 자연으로 가득한 동남아시아 리조트에 와 있는 느낌도 들어. 수영장은 오두막을 예약한 팀에 한해서 프라이빗하게 이용 가능해. 그리고 한 팀당 1시간 30분씩 시간대를 나누어서 사용하기 때문에 다른 팀과 겹칠 일 없이 오붓하게 수영할 수 있어. 수영을 마친 후 오두막에 올라가 아늑하게 휴식을 취해봐. 아담한 공간에 침대와 쉴 공간이 알차게 마련되어 있으니 말이야. 충분히 쉬었다면 저녁은 바비큐로 마무리하자. 30,000원을 추가하면 그릴, 석쇠, 토치 등 바비큐 장비를 대여해줘. 숙소에서 마시멜로도 제공하니 달달하게 구워 먹으며 불멍하는 것도 잊지 말기!

📍 경기 평택시 진위면 삼봉로 442-15
☎ 0507-1433-9901
✅ 홈페이지 예약
🔗 treehousekorea.com

**프라이빗하게 즐기는
수영장과 바비큐**

구디가든

수영장 앞에서 풀 사이드 바비큐 파티를 즐길 수 있는 구디가든. 이곳은 카페이지만, 셀프 바비큐장으로도 이용할 수 있어. 구름과 맞닿을 듯 탁 트인 마운틴 뷰 아래에 야외 수영장이 있고, 바로 이 수영장 앞에서 바비큐를 즐길 수 있어. 수영장은 바비큐 예약자에 한해 무료로 이용 가능해. 프라이빗한 수영장에서 신나게 수영한 후 출출해질 때쯤 고기를 먹으면 꿀맛일 거야. 바비큐는 토마호크 세트, 채끝등심 세트, 포크 3종 세트 3가지로 준비되어 있어. 가격대가 조금 높지만 그만큼 구성이 알차. 넉넉한 메인 고기는 물론, 블랙타이거새우와 소시지, 버섯, 감자, 옥수수, 가지 등 함께 곁들일 구이류와 샐러드, 하우스 와인까지 한 상 가득 차려지. 장비와 재료를 준비할 필요 없이 맨몸으로 가도 완벽한 바비큐를 즐길 수 있어서 만족스러웠다는 평이 많아.

📍 경기 포천시 내촌면 매봉길 64-1
📞 0507-1443-1132

🕐 바비큐 가든 기준
월, 수~일 12:00~21:00 / 화 휴무
📷 goodygarden.kr

미인폭포

누가 여기에 아이스크림 뽕따를
풀었나? 밀키스 같기도 한 신비한 색의
미인폭포는 석회암이 물에 녹아들어
이런 오묘한 옥빛을 낸다고 해. 실제로
보면 더 아름다워서 한국의 그랜드
캐니언이라는 별명을 가지고 있어.
겨울이면 폭포 모양대로 얼어서 또 다른
장관이 펼쳐져. 미인폭포까지 가려면 약
30분 정도의 등산 코스를 거쳐야 하니
안전을 위해 운동화 착용을 추천해.

🛈 ....

📍 강원 삼척시 도계읍 심포리

에메랄드 빛 계곡 속

원앙폭포

제주도에는 에메랄드빛 바다만 있는 게
아니야. 한라산에서 흐르는 물을 품고
있는 돈내코계곡에는 투명한 에메랄드빛
물이 있는 원앙폭포가 있어. 마치
해외의 휴양지를 연상시키는 곳이지.
여름철에는 들어가서 수영을 할 수
있는데, 보기보다 수심이 깊어서 안전
장비를 갖춘 후 스노클링을 즐길 수 있어.
물이 굉장히 차가우니 입수 전에 준비
운동하는 것 잊지 말자.

🛈 ....

📍 제주 서귀포시 돈내코로 137

어두운 동굴 속에 활짝 핀 꽃

화암동굴

1945년까지 금을 캐던 광산인 동굴로 시간
여행을 떠나보자. 1,803m에 달하는 관람
동선 안에 금광맥의 발견부터 광부들이
금을 채취하는 모습을 재현하는 등 곳곳에
볼거리와 체험 거리가 가득해. 이곳의
하이라이트는 동굴 안에서 펼쳐지는
환상적인 미디어 파사드야. 어두운 동굴을
가득 채운 꽃과 아름다운 빛으로 잠시나마
동화 속에 들어온 기분을 느낄 수 있어.

- 강원 정선군 화암면 화암리 산248
- 033-560-3410
- 매일 09:30~16:30
- 모노레일 이용 시 동굴 입구까지 편하게
  올라갈 수 있어.

자연의 신비로 가득한

환선굴

우리나라에서 규모가 가장 큰 석회암
동굴인 환선굴은 거대한 동굴의 진짜
매력을 느낄 수 있는 곳이야. 다른 곳처럼
화려한 조명으로 꾸며두지는 않았지만,
그렇기에 동굴이 주는 웅장함과 자연의
신비를 느낄 수 있지. 동굴 내부에 설치된
계단을 오르내리며 구석구석을 탐험하다
보면 자연의 위대함에 저절로 감탄하게
될 거야.

- 강원 삼척시 신기면 환선로 800
  대이동굴관리소
- 033-541-9266
- 매일 09:00~17:00 / 매월 18일 정기휴무
- 여기도 모노레일을 이용하면 좋아.

이번
계절엔
이 도전을!

그때그때 즐기면 좋은 '제철 액티비티'

사계절의 아름다움을 눈에 담으며 동시에
재밌는 경험을 할 수 있는 방법은 아마도
액티비티가 아닐까 싶어. 각 계절에 맞는
제철 액티비티 스팟을 소개할게. 특별한
스킬이 없어도, 누구나 함께 즐길 수 있으니
자연 속에서 색다른 추억을 만들어보길.

**봄, 가을 바다를
가로지르는**

여수
레일바이크

여수 바다를 바라보며 탁 트인 해안길을 따라 달려볼까?
왕복 3.5Km에 이르는 레일바이크는 전 구간이 해안 철길
위에 설치되어 여수 바다를 가까이에서 품을 수 있어. 갈
때는 내리막길이라 여유롭게 풍경을 즐길 수 있고, 올 때는
오르막길로 강도 낮은 운동을 할 수 있지. 솔솔 부는 바람,
시원한 바다 내음과 함께 해안을 가로지르며 소소한 낭만을
즐겨보자. 즐거운 추억은 물론 멋진 인생샷도 덤으로 남길
수 있어. 바이크를 타고 나서 바로 아래에 있는 만성리
검은모래해변에 들러 검은 모래에 글씨를 써보며 코스를
마무리하길 추천할게.

ⓘ

📍 전남 여수시 망양로 187
☎ 0507-1416-7882
🕐 3~10월 09:00~18:00 /
　 11~2월 09:00~17:00

✅ 홈페이지 예약
🌐 여수레일바이크.com
🎫 당일은 온라인 예약이 안 되고 현장 티켓
　 예매만 가능해.

**봄, 가을 철도 위에서
즐기는 낭만**

강촌
레일파크

가평에서 뭐 하고 놀까 고민된다면 철로 위를 시원하게
달리는 레일바이크를 추천할게. 강촌 레일파크에는 총
3가지 코스의 바이크가 있어. 먼저 반려동물과 함께
탑승할 수 있는 경강 레일바이크는 경강역을 출발해
북한강 철교에서 회차해 돌아오는 7.2km 코스야. 수동
모터이기 때문에 열심히 다리를 굴려야 한다는 점을 참고해.
다음으로는 멋진 뷰로 유명한 김유정 바이크가 있어.
김유정역에서 출발해 편도 6km를 달린 후 셔틀버스를 타고
돌아오는 코스야. 마지막으로 가평역에서 출발해 북한강을
가로지르는 가평 레일바이크는 왕복 8km로 가장 긴 코스를
자랑해. 무성한 나무 사이로 평화로운 북한강을 만날 수
있어. 각 코스별로 출발역과 가격이 모두 다르니 나에게
맞는 바이크 코스를 선택해봐. 반자동으로 움직이기 때문에
자전거를 못 타더라도 이용 가능하니 걱정하지 말길.

ⓘ

📍 강원 춘천시 신동면 김유정로 1383
☎ 033-245-1000
🕐 3~11월 09:00~17:30 /
　 12~2월 09:00~16:30
✅ 홈페이지 예약
🌐 railpark.co.kr

📖 당일은 온라인 예약이 안 되고 현장 티켓
　 예매만 가능해. 주소 및 운영시간은 가장
　 인기 있는 '김유정역 코스' 기준으로
　 작성되었어. 각 코스별로 열차 타는 곳이
　 다르니 홈페이지에서 미리 확인해줘.

해담마을
휴양지

여름에 계곡만큼 시원한 곳이 또 있을까? 강원도 양양 첩첩산중에 해를 담은 마을, 해담마을로 떠나보자. 수심이 깊지 않은 넓고 맑은 계곡이 흐르는 이곳에는 지루할 틈이 없는 6가지 액티비티가 있어. 낙엽송으로 만든 수제 뗏목 타기, 물고기가 다니는 모습을 감상할 수 있는 카약 타기, 물고기 잡기 등을 다양하게 즐길 수 있지. 그중에서도 베스트 후기를 자랑하는 것은 수륙양용차라고 해. 육상과 수상을 다이나믹하게 오가며 달리는 스릴 넘치는 액티비티로 만족도가 아주 높아. 맑은 계곡과 아름다운 자연 속에서 짜릿하고 시원한 여름을 보낼 수 있을 거야.

📍 강원 양양군 서면 구룡령로 2110-17
☎ 033-673-2233
🕐 매일 09:00~18:00

✅ 펜션 이용 시 사전 예약 필수 /
체험 프로그램은 현장 발권
🌐 haedamvil.com

**한여름
청량한 바다를 즐기는**

우도
올레보트

제주에서도 유난히 깨끗하고 파란 바다가 있는 우도에 가면
무더위를 날려 줄 액티비티가 있어. 보트를 타고 바다로
나가서 빼어난 경관을 자랑하는 우도 8경 중 6경을 둘러보는
체험으로, 자동차에서는 볼 수 없는 모습을 만날 수 있어.
우도는 소가 누워 있는 모습을 닮았다고 해서 붙여진
이름인데, 바다 위에서 그 형상을 두 눈에 담을 수 있다고 해.
지루한 보트 투어를 생각했다면 오산! 20년 베테랑 고양이
선장의 재치 있는 설명에 우도와 한층 친해지는 건 물론,
마치 놀이 기구를 탄 것처럼 통통 튀는 운전에 신나는 비명을
지를지도 몰라. 자연이 만들어낸 기이한 해식동굴 속으로
들어가 낮에 뜨는 달을 만나는 하이라이트도 준비되어 있어.

📍 제주 제주시 우도면 우도해안길 181
☎ 010-4132-8279
🕐 매일 09:00~17:00
✅ 전화 예약

📷 udo_olleh_boat
🗨 소규모로 진행하는 우도 스쿠버다이빙
체험도 함께 예약할 수 있어.

씽씽~ 얼음 썰매를 타고

포천
산정호수

서울 근교에서도 썰매를 즐길 수 없을까? 빼어난 자연 경관을 자랑하는 경기도 포천의 산정호수에서는 매 겨울마다 썰매 축제가 열려. 꽁꽁 언 호수 위에서 타는 얼음 썰매는 겨울 감성과 스릴을 동시에 즐길 수 있지. 트랙터가 여러 대의 오리썰매를 끌며 호수 한 바퀴를 도는 러버덕기차, 나무로 만든 옛날 썰매를 타고 직접 얼음을 찍으며 밀고 나가는 전통 썰매 등 8가지 종류가 있어. 그중에서도 세발자전거 뒤에 러버덕 모양의 썰매가 달린 오리썰매가 가장 인기가 많아. 오리썰매를 즐긴 후 귀여운 인증샷까지 남길 수 있을 거야. 선착순 대기표를 받고 순서대로 티켓을 구매하는 시스템인데, 대기 시간이 긴 편이라 오픈 시간보다 1시간 정도 일찍 도착하길 추천해.

📍 경기 포천시 영북면 산정호수로411번길 108
☎ 0507-1409-6135
❄ 얼음 두께 및 빙질 상태에 따라 변경
🔗 sjlake.co.kr

짧아서
더 아름다운
가을

스쳐가는 가을이 아쉬울 때, '단풍 스팟'

여름이 끝나고 가을이 시작되면 '20XX년
단풍 시기'가 검색어에 등장하기 시작해.
빨강, 노랑으로 물든 아름다운 풍경을 놓칠
수 없다는 의지가 엿보이지. 하지만 우리에게
주어진 휴일은 짧고, 단풍이 만개한 시즌은
체감상 눈 깜짝할 사이에 지나가. 비까지
온다면 그 시기는 더 앞당겨지기 일쑤야.
그래서 단풍이 가장 예쁜 시기를 즐기려면
미리 준비하는 부지런함이 필요해.
단풍이 예쁜 전국의 장소들을 소개하니
올해는 미리 준비해서 만개한 시기를
즐겨보자.

단풍의 성지와 같은 곳

화담숲

1~2년 사이 크게 유명해져서 어느새 서울 근교의 대표적인 단풍 명소로 자리잡은 화담숲은 자그마치 5만 평에 이르는 거대한 수목원이야. 가을의 화담숲 사진을 보면 '올 가을에는 이곳에 꼭 방문하고 싶어!'라는 생각이 절로 들 만큼 아름다워. 관람 방법은 도보를 이용하는 법과 모노레일을 타는 법, 두 가지가 있어. 걸어서 구경하면 2시간 이내로 숲의 구석구석을 모두 둘러볼 수 있고, 곳곳에 마련된 포토존에서 사진을 찍을 수 있다는 장점이 있어. 모노레일을 타고 구경하면 단풍이 든 숲의 장관을 높은 곳에서 한눈에 내려다볼 수 있어. 모노레일은 현장에서만 예약이 가능한데, 정오 이전에 매진될 가능성이 높으니 도착하자마자 모노레일을 발권하길 추천해. 화담숲은 100% 사전 예약제야. 아주 빠르게 매진되니, 홈페이지에서 예매 오픈 시간을 미리 체크하고 예매해야 원하는 날짜의 티켓을 얻을 수 있을 거야.

📍 경기 광주시 도척면 도척윗로 278-1
📞 031-8026-6666
🕐 화~일 09:00~18:00 / 월 휴무
　(계절 및 기상 상황에 따라 운영시간 변경 가능)
✅ 홈페이지 예약

🌐 hwadamsup.com
📋 예약 시간 2시간 전에 QR코드가 전송되는데, 이 QR코드만 있으면 시간과 상관 없이 바로 입장할 수 있어. 예약 시간보다 일찍 가는 것이 좋겠지?

✦

천천히 걸으며
가을을 즐기기 좋은

북한산
우이령길

서울의 북쪽을 감싸고 있는 북한산 21구간 우이령길은
아는 사람만 안다는 히든 스팟이야. 사계절 중 가을이 가장
아름답기로 유명하지. 과거에 민간인 출입이 통제되었던
곳이라 자연이 잘 보전되어 있다고 해. 이를 유지하기 위해
100% 사전 예약제로만 운영하며 하루에 1,000명까지
입장을 제한하고 있어.
북한산우이역에서 출발해 40분가량 열심히 올라가다 보면
'우이령길 탐방지원센터'를 만나게 되는데, 이 곳에서 예약
확인 후 본격적인 우이령길로 들어가게 돼. 우이령길부터는
경사가 완만해서 어린이, 노약자도 편하게 걸을 수 있어.
가을 내음을 맡으며 한적하게 단풍놀이를 즐길 수 있는
장소로 추천해.

ⓘ

📍 경기 양주시 장흥면 교현리 산25-3
☎ 02-998-8365
🕐 동계 09:00~15:00 / 하계 09:00~16:00

✅ 국립공원공단 reservation.knps.or.kr
　（탐방로 예약 – 북한산 – 우이령）

**노란 단풍 세상이
펼쳐지는**

강천섬
유원지

샛노란 단풍을 구경하고 싶다면 여주의 강천섬 유원지를 방문해봐. 주차장에 주차를 하고 10분 정도 걸어 들어가면 억새풀밭을 지나 황금빛 은행나무숲을 만날 수 있어. 높게 뻗은 은행나무의 행렬이 펼쳐지고, 노란 잎들이 파란 하늘과 대조를 이루며 더욱 아름다운 풍경을 만들어내. 탁 트인 평지의 들판이라서 천천히 걷기에 좋아. 단풍나무 아래에 있는 벤치에 앉아서 단풍멍을 때리는 것도 좋겠어. 반려견이 뛰놀기에도 좋으니, 함께 황금빛 세상을 즐겨봐.

📍 경기 여주시 강천면 강천리 627

🅿️ 주차는 강천섬 유원지 주차장과 굴암리 마을 회관 임시 주차장을 이용할 수 있어.

가을 제천의 매력을 담은

의림지

의림지는 삼한시대부터 농업용수를 공급한 저수지로, 산책길이 잘 조성되어 있어 여유롭게 단풍을 즐기기 좋아. 의림지에 왔다면 꼭 용추폭포를 보고 가야 해. 데크가 유리로 만들어진 유리 전망대에서 발 아래로 떨어지는 시원한 폭포 물줄기를 보면 멋있기도 하고, 스릴 있기도 할 거야. 북적이는 사람을 피해 조금 더 한적하게 보내고 싶다면 오리보트를 추천해. 오리보트를 타고 호수 한가운데에서 단풍을 보며 조용하고 평화롭게 시간을 보내보자. 의림지에 방문한다면 차를 타고 20분 정도의 거리에 있는 배론성지도 함께 들러봐. 한옥과 어우러진 단풍이 아름다운 곳이야. 연못 위의 아치형 다리가 유명한 포토존이니, 이 곳을 발견한다면 인생샷을 남겨보길.

📍 충북 제천시 모산동 241
☎ 043-651-7101

🅿 주차장이 있지만, 단풍철에는 주차가 매우 어려워. 근처 다른 주차장에 차를 세우고 걸어가는 것을 추천할게.

**이국적인 풍경을
만날 수 있는**

장태산
자연휴양림

메타세쿼이아길을 떠올리면 초록빛 나무를 연상하기
쉬워. 하지만 국내 최대 규모의 메타세쿼이아 숲인
장태산 자연휴양림에서는 단풍이 든 메타세쿼이아길을
만날 수 있어. 하늘로 쭉쭉 뻗은 커다랗고 붉은 나무가
빼곡히 들어선 모습은 동화 속에 들어온 듯 신비한 풍경을
만들어내지. 돌길을 따라 10분 정도 산행을 하면 전망대에
다다르게 될 거야. 아래로 내려다보이는 붉은 숲과
흔들다리의 이국적인 경관에 감탄이 절로 나올지도 몰라.
전망대에서 내려오면 출렁다리와 스카이워크에서 나무들
사이를 거닐어봐. 장태산 자연휴양림 내에는 산림욕장과
휴양림 숙소 등의 시설도 있으니 며칠간 이 곳에서 충분히
머물러도 좋겠어.

📍 대전 서구 장안로 461
☎ 042-270-7883
🕐 3~10월 09:00~18:00 /
　 11~2월 09:00~17:00
✔ 홈페이지 예약

🌐 jangtaesan.or.kr
📖 메타세쿼이아는 다른 곳보다 1~2주 늦은
　 시기에 단풍이 시작되니, 11월 초중순에
　 방문하는 것을 추천해.

크리스마스의
설렘

12월의 축제 분위기가 물씬, '크리스마스 스팟'

12월이 설레는 이유는 크리스마스가 있기
때문이 아닐까? 캐롤 플레이리스트를 듣고,
트리를 설치하고, 오너먼트를 하나둘 고르는
과정이 모두 크리스마스의 일부인 것 같아.
매년 12월, 우리의 설렘을 더해줄 장소들을
소개할게. 산타의 아지트 같은 이곳에서
크리스마스 무드에 푹 빠져보자.

**문을 열고 크리스마스
세상으로 입장**

디데이원

뉴욕의 예쁜 벽돌 건물을 연상하게 하는 디데이원은
외관만큼이나 내부 인테리어도 매력적이라 1년 내내
방문하기 좋은 곳이야. 그중에서도 특히 겨울이 되면
이곳의 매력이 진가를 발휘해. 크리스마스 소품으로 매년
큰 인기를 얻고 있는 '진심디자인'과 함께 공간을 꾸며
온통 크리스마스 세상이 만들어지거든. 건물에 도착하면,
들어가기 전부터 사진첩이 가득 찰 가능성이 커. 크리스마스
분위기로 꾸며진 빨간 벽돌 건물 앞에서 인증샷을 더 찍고
싶은 유혹을 물리쳐야 하거든. 어렵게 문을 열고 들어가면,
공간을 가득 채운 크리스마스 오브제가 반겨줄 거야. 다른
세상에 들어온 듯한 분위기에 입꼬리는 올라가고, 광대가
먼저 마중 나갈지도 몰라. 스노볼, 오너먼트 등 예쁜
소품들이 정말 많아서 지갑을 단단히 조심해야 한다는
경고를 전할게. 1층에서는 쇼룸과 카페를, 2층에서는
브런치 레스토랑과 와인 바를 즐길 수 있어.

📍 서울 영등포구 당산로49길 14
📞 0507-1484-1523
🕐 화~일 11:30~22:00 /
　월 1층 11:30~21:00, 2층 휴무

📷 dday1_cafe_wine
📝 크리스마스 시즌에는 주말은 물론이고
　평일에도 방문자가 많은 편이니, 오픈런을
　추천해. / 반려동물 동반 가능

유럽의 크리스마스 마켓을
옮겨놓은

바이나흐튼
크리스마스
박물관

제주도의 바이나흐튼 크리스마스박물관은 국내 유일
크리스마스 테마 박물관이야. 1년 내내 운영하기 때문에
365일 크리스마스를 즐길 수 있어. 실제 독일에 있는
바이나흐튼 뮤지엄을 본따 만들어졌기에 유럽의 분위기가
물씬 풍겨와. 박물관의 문을 열고 들어가면 내 키를 훌쩍
뛰어넘는 트리와 크리스마스 소품으로 가득 채워진 공간이
눈앞에 펼쳐져. 앤티크한 접시 등 유럽의 빈티지 소품들도
전시, 판매하고 있어서 빈티지 마켓을 좋아한다면 볼거리가
쏠쏠할 거야. 운이 좋다면 크리스마스에 진심인 사장님의
설명을 들을 수 있는데, 즐거운 설명 덕에 덩달아 기분이
좋아진다는 후기가 많아.

매년 12월 한 달간은 크리스마스 마켓이 열려. 독일의 작은
광장을 옮겨놓은 듯, 마켓들이 반짝이는 알전구를 달고
영업을 시작하지. 크리스마스 소품뿐만 아니라 제주의
기념품 등 여행자로 방문한다면 탐나는 물건들도 기다리고
있을 거야. 12월의 밤, 반짝이는 마켓을 구경하며 따끈한
뱅쇼를 호호 불어가며 마시면 그게 바로 크리스마스의 행복
아니겠어? 모든 시설 입장료는 무료야.

📍 제주 서귀포시 안덕면 평화로 654
📞 010-2236-6306

🕐 매일 10:30~18:00
📷 christmas_museum

영국 크리스마스의
감성 속으로

맨홀커피

맨홀 뚜껑을 열면 지하세계가 펼쳐진다는 의미의
맨홀커피. 계단을 내려가 초록색 문을 열고 들어가면
18세기 영국으로 입장하게 돼. 진한 우드톤의 고풍스러운
인테리어, 벽장을 가득 채우고 있는 책들, 클래식한 음악
사이에 있으면 해리포터의 도서관이나 킹스맨의 사무실에
온 것 같은 기분이 들어. 이런 분위기라니, 크리스마스와
어울릴 수밖에 없잖아. 맨홀커피의 시그니처 메뉴는
'맨홀크림'이라는 이름의 아인슈페너야. 아몬드와
살구 향이 나고 맛있어. 잔잔한 분위기 덕에 독서를
하기에도 좋으니 책 한 권 들고 방문해보는 게 어때?

📍 서울 영등포구 영신로 247 B동상가 지하 1층
📞 02-6398-9427
🕐 화~일 12:00~22:30 / 월 휴무

📷 manhole_coffee
📋 매장 휴무 및 임시 일정은 인스타그램에서
확인해봐.

숲속에 숨겨진 주택

카페만디

주택가 사이 조용한 숲에 숨겨진 카페만디를 만나볼까?
비밀 별장에 있을 것 같은 철문을 지나 카페 건물까지
걸어 들어가는 길은 유럽 시골에 온 듯한 기분을 느끼게
할 거야. 진한 우드톤의 큰 문을 열고 들어가면 앤티크한
내부 인테리어가 눈길을 사로잡아. 처음부터 크리스마스
카페로 만들어진 듯, 내부 인테리어와 완벽하게 어울리는
크리스마스 데코에서 사장님의 센스를 엿볼 수 있어. 책장을
열고 들어가는 문, 양말이 걸린 벽난로같이 겨울 감성
가득한 포토존도 쏠쏠한 구경거리야. 큰 창을 마주한 마운틴
뷰 좌석과 테라스 좌석도 있어. 겨울 시즌에 방문한다면
딸기케이크, 딸기라테 등 시즌 디저트를 만날 수 있을 거야.

📍 부산 사하구 오작로 104-7
☎ 070-7818-1047
🕐 매일 12:00~22:00
📷 cafe_mandi

📖 좁고 경사진 언덕을 올라가야 해서 차를
가져가는 것을 추천해. /
크리스마스 시즌에는 방문자가 몰리니
좌석이 있는지 확인 후 방문해봐.

182

아기자기한
성탄절 감성이 가득한

연양정원

봄부터 가을까지는 뷰가 예쁜 평범한 카페로 운영되고, 12월이 되면 크리스마스 명소로 탈바꿈하는 연양정원. 유쾌하고 따뜻한 사장님 부부의 에너지가 이곳을 핫플레이스로 만든 것일까? 단골의 애정어린 리뷰들이 돋보이는 곳이야.

이곳만이 가진 특별함은 화려한 포토존. 사방이 온통 크리스마스 소품으로 꾸며진 카페의 한가운데 앉아 사진을 찍을 수 있어서 구도 걱정 없이 인생샷을 얻을 수 있어. 해마다 소품들이 발전하기 때문에 내년 크리스마스는 어떻게 꾸며질지 기대하는 것도 즐거울 거야. 연양토스트 등 디저트 메뉴도 맛있다는 평이 있으니, 배는 조금 비우고 방문하는 것이 좋겠어.

- 📍 경기 여주시 강변유원지길 91
- ☎ 0507-1363-1312
- 🕐 매일 11:00~22:00

- 📷 yeonyang_garden
- 🐾 반려동물 동반 가능 (야외 좌석)

눈부신
새하얀
아름다움

그림처럼 감탄을 자아내는 '겨울 스팟'

초록초록한 느낌이 없어서 조금
을씨년스러운 분위기의 계절인 겨울이지만,
펑펑 눈이 내리면 새로운 세상이 열리는
것 같아. 포근한 솜이불로 덮인 듯 새하얀
설경이 있는 장소로 떠나보자. 자연이 선물한
멋진 작품을 통해 겨울의 진정한
아름다움을 느낄 수 있을 거야.

렛잇고 렛잇고

속삭이는
자작나무숲

원대리 자작나무숲이라고도 불리는 이곳은 애니메이션 <겨울 왕국>을 떠올리게 하는 이국적인 겨울 명소야. 자작나무숲 안내소에 주차를 하고 3.2km 거리의 오르막길을 약 한 시간 가량 걸어가는 코스로, 겨울철에는 아이젠을 착용해야만 입산이 가능해. 경사가 심하지 않아 즐겁게 이야기하며 오르다 보면 어느새 사방이 온통 자작나무로 가득한 풍경을 만나게 될 거야. 수령이 20년 이상 된 새하얀 나무껍질의 자작나무가 빽빽하게 들어찬 동화 같은 모습은 감탄을 자아내지. 깨끗하기 이를 데 없는 새파란 하늘, 하늘을 향해 곧게 뻗은 신비로운 자작나무숲 배경을 두 눈과 사진 속에 고이 담아보자. 아름다운 겨울 명소로 인기가 많고, 동절기에는 오후 2시에 입장이 마감되므로 늦지 않게 도착하는 편이 좋을 거야.

ⓘ

📍 강원 인제군 인제읍 자작나무숲길 760
☎ 033-463-0044
🕐 하절기 09:00~18:00 /
　동절기 09:00~17:00 / 월, 화 휴무

✉ 아이젠 필수 /
　방문 전 산림청 홈페이지 forest.go.kr에서
　일기예보를 미리 확인해봐.

✦

등산 초보라도 가능해

덕유산

우리나라에서 4번째로 높은 산 덕유산에서는 황홀한 설경의 아름다움을 즐길 수 있어. 꽤 높은 산이지만 곤돌라로 쉽게 정상까지 오를 수 있어서 한겨울에도 등산 초보자와 여행객이 많이 찾는 명소야. 무주 덕유산리조트 스키장에서 약 15분 정도 곤돌라를 타면 설천봉에 도착하고, 설천봉에서 약 20분 정도 가볍게 산행하면 덕유산의 정상(향적봉, 1,614m)에 다다르는 코스야. 데크 길로 되어 있어 어렵지 않게 오를 수 있지만 안전을 위해 아이젠은 꼭 착용해줘. 파란 하늘과 나뭇가지에 쌓인 새하얀 눈꽃을 구경하며 걷다 보면 어느새 눈 덮인 하얀 세상 향적봉 정상에 도착해. 향적봉 일대의 순백의 설경이 장관이니 아름다운 설산을 배경으로 인증샷을 찍고, 향적봉 대피소에서 따뜻한 컵라면 한 사발을 먹으면 아마 이보다 더 행복할 수 없을 거야.

ⓘ

📍 전북 무주군 설천면 구천동1로 159
☎ 063-322-3174
🕐 계절별로 곤돌라 시간이 다르니 확인 필요
✅ 네이버 '무주덕유산곤돌라' 검색 예약

🔗 deogyu.knps.or.kr
ⓘ 아이젠 등 겨울 산행 장비 준비 필수 /
실시간 통제 정보는 산림청 홈페이지에서
확인하길.

**남과 북의
물이 합쳐지는 곳**

두물머리

서울 근교에도 아름다운 겨울을 만날 수 있는 장소가 있어.
북한강과 남한강이 만나는 곳이자 한강이 시작되는 곳,
양평 두물머리로 떠나보자. 이곳은 사계절 모두 아름답지만,
특히 사방이 눈으로 하얗게 뒤덮인 깊은 겨울 풍경을 놓치지
않았으면 해. 꽁꽁 얼어붙은 강물 위로 소복이 쌓인 눈, 이른
아침에 피어나는 물안개, 400년 동안 한자리를 지키고 있는
느티나무가 이곳만의 매력이야. 멀리 보이는 낮은 산을
바라보며 나도 모르게 깊은 사색에 잠겨보기도 하고, 유명한
액자 포토존에서 사진을 한 장 남겨도 좋아. 두물머리
명물인 '두물머리 연핫도그'에서 달달한 핫도그를 먹으며
서정적인 분위기에 취해볼 수도 있어. 시간이 충분하다면
주변의 카페에서 따뜻한 커피를 마시며 창밖의 설경을
감상해보자.

◉ 경기 양평군 양서면 양수리   ◎ 연중무휴

187

새하얀 상고대의 절정

태기산

횡성에서 가장 높은 태기산은 겨울철 설경이 유난히 아름다워. 특히 기온이 급격히 낮아지면 밤새 서린 서리가 나뭇가지나 풀 등에 하얗게 얼어붙어 눈꽃처럼 피어나는데, 이것을 '상고대'라고 해. 태기산은 상고대 끝판왕 명소로 유명하기도 해. 해발고도 980m에 위치한 양구두미재 등산로 입구까지 차량으로 올라갈 수 있고, 임도를 따라 쉽게 걸어갈 수 있어서 초보자에게도 무난한 코스야. 천천히 걷다 보면 키 큰 나무는 사라지고 눈을 덮어쓴 부드러운 능선이 한눈에 들어올 거야. 눈부시게 피어오른 상고대와 새하얀 순백의 세상은 몽환적인 분위기를 자아내고, 맑고 파란 하늘과 하얀 풍력발전기가 어우러지는 그림과도 같은 풍경을 오롯이 즐겨 보자.

ⓘ

◎ 강원 횡성군 둔내면 화동리
☎ 033-340-2415

◉ 아이젠 등 겨울 산행 장비는 꼭 필수로 준비하도록 해.

겨울에 한 번쯤은

1100고지 습지

압도적인 설국을 자랑하는 제주도 최고의 눈꽃 명소 1100고지습지는 평생 잊히지 않을 만큼 아름다운 절경을 만날 수 있는 인생 설경 여행지로 꼽히기도 해. 차로 쉽게 오를 수 있어서 겨울 산행이 두려운 사람도 한겨울 한라산 설경을 조망할 수 있지. 천천히 도로를 달리며 드라이브를 즐겨도 좋지만, 하얀 눈이 소복이 쌓인 한 폭의 그림 같은 풍경을 눈에 담으며 산책로를 걸어보길 추천할게. 흰색 페인트를 칠한 듯, 솔잎과 앙상한 가지를 하얗게 물들인 환상적인 상고대에 입을 다물 수 없을 거야. 탐방로는 일반 데크로 되어 있어 초보자가 걷기에 어렵지 않고, 한 바퀴를 둘러보면 약 20분 정도 소요돼. 멋진 풍경만큼 겨울이면 인산인해를 이루니 늦지 않게 도착하도록 해. 또한 날씨에 따라 도로 통제 구간과 잦은 정체가 발생할 수 있으므로 방문 전 CCTV 확인 사이트를 미리 체크해보자.

📍 제주 서귀포시 1100로 1555
📞 064-740-6000

🕐 운영시간은 없으나 하늘이 아름답게 물드는 일출~일몰 시간대에 방문하는 것을 추천해.

계절의 향기 가득한 밥상

제철 식재료로 건강한 한 끼, '팜투테이블 레스토랑'

봄에는 향긋한 냉이된장국에 따끈한 밥 한술,
여름에는 아삭한 초당옥수수, 가을에는 달달
고소한 찐 밤, 겨울에는 새콤한 김장 김치에
수육. 계절을 가장 잘 느낄 수 있는 건
제철 재료로 건강한 한 끼를 먹는 것이
아닐까? 지금부터 소개할 '팜투테이블'은
제철 요리를 가장 잘 즐길 수 있는 곳으로,
농장에서 재배한 식재료를 곧바로 손님의
식탁으로 가져오는 형태의 식당을 말해.
중간 유통을 거치지 않기 때문에 더욱 신선한
제철 식재료를 맛볼 수 있다는 게 가장 큰
특징이야. 팜투테이블 레스토랑에서
지금 이 계절을 느껴보면 어떨까?

지역 농부와 셰프의 합작

프란로칼

프란로칼은 'From local' 즉, '지역으로부터'라는 뜻을 가진 파인 다이닝이야. 이름처럼 지역에 있는 농부 10여 명과 협업하여 로컬 식재료를 사용한 요리를 선보이고 있어. 주로 파인 다이닝이 서울, 수도권에 위치한 것과는 다르게 양평 문호리에 자리를 잡은 이유는 지역 식재료의 소중한 가치를 전달하기 위해서라고 해. 여름 런치, 겨울 디너 등 메뉴 이름에 계절이 들어가는데, 제철 식재료를 사용하기 때문에 계절마다 메뉴와 코스 구성에 변화가 있어. 오직 이 계절에 나는 재료로 만들어진, 그리고 셰프와 농부의 협업으로 탄생한 멋진 다이닝 코스를 경험하고 싶다면 프란로컬을 방문해 봐.

📍 경기 양평군 서종면 북한강로 819
☎ 031-773-7576
🕐 수~일 12:00~21:00 / 월, 화 휴무

✅ 캐치테이블 예약
📷 franlokal

농부 부부가 운영하는

꽃비원
홈앤키친

농업을 전공한 후 꽃비원 농장에서 10년 차 농부 생활을 하고 있는 부부가 운영하는 꽃비원홈앤키친. 월, 화, 수요일에는 농장에서 농사일을 하고, 목, 금, 토요일에는 꽃비원홈앤키친에서 음식과 음료를 제공하고 있어. 부부가 농장에서 재배한 재료로 음식을 만들기 때문에 계절에 따라 메뉴가 조금씩 달라지기도 하고, 메뉴판에 있는 메뉴라도 재료가 수급되지 않으면 제공되지 않을 수 있다고 해. 이곳의 대표 메뉴는 피자와 생면파스타. 피자는 직접 만든 도우 위에 제철 채소와 자연 치즈를 올려 건강한 맛이야. 꽃비원 농장의 달걀을 넣어 반죽한 생면파스타는 봄과 겨울에는 보통 냉이로, 여름과 가을에는 각 계절에 나는 채소로 요리해 계절에 따라 다른 맛을 즐길 수 있어. 양식을 먹었지만 전혀 속이 불편하지 않고 건강식을 먹은 것 같다는 후기가 자자한 곳이야.

📍 충남 논산시 연무읍 연무로166번길 12-21
　주택 오른쪽 건물
📞 0507-1396-2358

🕐 목~토 11:30~17:00 / 일~수 휴무
📷 flowerraining.home.kitchen
🍴 곧 근처로 이전 예정이니 방문 전 확인

할머니의 비법을 이어받은

전영진어가

1대 전영진 할머니부터 3대째 이어온 팜투테이블로, 슬로우푸드를 지향하는 식당이야. 하루에 최대 6팀만 받기 때문에 예약은 필수! 이곳에서 가장 인기 있는 메뉴는 향어백숙이야. 닭이 아닌 생선으로 만든 백숙이 생소할 수 있지만, 비린 맛 하나 없이 구수하고 담백한 맛이 일품이야. 그 다음 인기 메뉴는 송어회에 각종 채소와 소스를 함께 비벼 먹는 송어비빔회야. 채소는 식당 옆 텃밭에서 기른 것이고, 소스에 들어가는 들기름과 들깻가루도 사장님이 직접 재배해서 만들었다고 해.

재료들이 어떻게 식탁에 오르게 되었는지, 시중에서 판매하는 제품과 어떻게 다른지 사장님이 자세히 설명해주신 덕분에 더욱 귀한 밥상을 대접받는 기분이라고. 예약 시 주문한 음식값을 100% 입금하는 선불제이자 전화 예약제이고, 인기가 워낙 많아 보통 5주치 예약이 이미 차 있으니 적어도 한 달 전에 미리 예약하는 걸 추천해.

ⓘ

📍 강원 정선군 정선읍 돌다리길 1
☎ 033-563-1043
🕐 금~일 12:00~21:00 /

월~목 휴무
✅ 전화 예약
🌐 blog.naver.com/eayoo74

제철 재료로 맛보는
이탈리안

로컬릿

로컬릿은 'Local'과 'Eat'을 합친 말로 지역 제철
재료로 건강한 음식을 만드는 이탈리안 레스토랑이야.
팜투테이블을 실천하는 남정석 셰프가 농부 시장이나
소규모 농장에서 수급한 국내산 재료를 활용해 건강한
채식 요리를 선보이고 있어. 채식 기반이지만, 논비건
메뉴도 있어 비건, 논비건이 함께 음식을 즐길 수 있는
곳이야. 이곳의 시그니처 메뉴는 백태콩후무스 사이에
호박, 브로콜리, 버섯 등 6~8가지 계절 채소를 층층이 쌓아
올린 채소테린이야. 알록달록 편육 같은 비주얼이 참 예뻐.
이외에도 호박까넬로니, 시금치뇨끼, 가지라자냐 등 다양한
이탈리안 메뉴가 준비되어 있어. 어느 한 메뉴도 놓치기
아쉬우니 최대한 여러 사람들과 함께 방문하기!

📍 서울 성동구 한림말길 33 2층
☎ 0507-1354-3399
🕐 매일 11:00~21:00
📷 the_local_eater

🍴 네이버 예약으로 예약하면 채소와
　 과일로 직접 만든 수제 딥소스를 곁들인
　 '브레드&딥' 제공

로컬 식재료의
다채로운 변신

플래닛랩
by
아워플래닛

'For Earth, For Us!'라는 캐치프레이즈 아래 지구와 우리의 건강을 함께 돌볼 수 있는 식탁을 제안하는 지속 가능 미식 연구소 아워플래닛. 이곳에서는 한 달에 한 번 오픈하는 팝업 레스토랑 로컬 오딧세이를 운영하며 매월 새로운 지역을 선정해 로컬 식재료를 활용한 코스 요리를 선보이고 있어. 매월 달라지는 메뉴판에는 각 메뉴마다 어떤 재료가 사용되었는지, 그 재료는 어느 농장에서 어느 농부가 기른 것인지 지역과 생산자의 이름까지 적혀 있어 보는 것만으로도 매우 흥미로워. 장민영 음식 탐험가가 로컬 식재료와 해당 지역의 특징을 소개하고 나면 김태윤 셰프의 코스 요리를 만날 차례야. '익숙한 이 땅의 맛을 새롭게 만나보아요'라는 로컬 오딧세이의 소개 문구처럼 우리나라의 식재료로 이렇게나 다양한 요리를 맛볼 수 있다는 걸 새로이 알게 될 거야.

📍 서울 종로구 옥인길 71 2층
☎ 0507-1352-7788
🕐 목~일 11:00~21:00 / 월~수 휴무

✅ 인스타그램 DM 예약
　(매월 초 인스타그램으로 오픈 공지)
🌐 ourplaneat.com

반려견 동반에
진심인 맛집

농가의 식탁

강화도의 바다와 논밭이 보이는 농가의 식탁은 이름처럼 강화도 산지에서 재배한 채소를 주재료로 음식을 만드는 팜투테이블 식당이야. 고기와 함께 8가지가 넘는 채소구이를 곁들인 정식 메뉴, 자연식을 표방하여 삼삼하지만 프레시하고 건강한 맛의 파스타가 준비되어 있어. 그때그때 수확한 재료를 사용하기 때문에 시즌마다 메뉴에 사용되는 식재료와 반찬이 달라져. 매장 한편에서는 강화 특산물을 소개하고 강화쌀, 속노랑고구마 등을 직접 판매하기도 해. 그리고 이곳은 반려견 동반이 가능한 곳이야. 반려견을 가족의 일원이라고 생각해서 반려견도 함께 앉아 식사를 즐길 수 있도록 강아지 방석을 제공하고, 반려견이 뛰어놀 수 있는 야외 마당도 마련되어 있어. 반려견과 함께 여행하는 반려인이라면 이곳을 강력 추천해.

📍 인천 강화군 선원면 해안동로 1037-8 2층
☎ 0507-1369-0145
🕐 화~일 11:00~18:30 / 월 휴무

📷 nongga_house
🖥 웨이팅이 있으니 네이버예약으로 미리 예약하고 가는 것을 추천해.

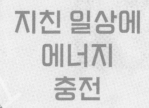

지친 일상에
에너지
충전

계절별 싱그러운 기운을 담은 '제철 디저트'

바쁜 일상에 치여 무심코 계절을 잊고 산다면
계절별 제철 간식을 맛볼 수 있는 공간을
방문해봐. 푸릇푸릇 싱그러운 봄의 맛부터
상큼한 여름의 맛, 찬바람 불면 생각나는
가을 디저트와 겨울을 담은 달콤한 간식까지.
계절마다 우리에게 찾아오는 달콤한 간식은
평범한 일상에 활력을 불어넣어 줄지도 몰라.

✦

**계절마다 달라지는
디저트 카페**

프루토
프루타

부산 해리단길에는 계절마다 제철 과일을 다양하게 맛볼 수 있는 과일가게 겸 카페 프루토프루타가 있어. 아담한 매장 내부에 들어서면 알록달록 신선한 과일이 눈앞에 펼쳐지고, 싱그러운 과일 향이 코 끝을 감싸줘. 무더운 여름에는 새콤달콤 복숭아와 멜론을, 겨울과 봄에는 입맛을 돋우는 상큼한 딸기의 향연을 만날 수 있지. 딸기그릭요거트, 딸기세이크, 딸기라테, 딸기요거트아이스크림 등 계절에 맞는 제철 과일을 다채롭게 즐길 수 있어. 또한 각종 과일과 견과류가 듬뿍 담긴 아사이볼도 인기 메뉴야. 그뿐만 아니라 시즌에 가장 맛있는 과일을 단품 혹은 선물용으로 구매할 수도 있어. 신선한 제철 과일로 건강하게 당 충전하고 싶다면 방문해보길.

ⓘ

◉ 부산 부산진구 전포대로224번길 28
☎ 0507-1385-9862

⏱ 매일 12:00~20:00
ⓞ fruto_fruta

쫀득하고 시원한 한 입

젠제로

시원 달달한 젤라토 한 컵이면 무더운 여름도 이겨 낼 수 있는 것 같아. 싱싱한 제철 재료로 만든 독창적인 메뉴가 돋보이는 젤라토 전문점 젠제로로 떠나보자. 재료 본연의 맛을 정교하게 잘 살리는 것으로 유명한 이곳은 제철 과일과 채소, 신선한 곡류와 직접 만든 치즈 등으로 만든 젤라토를 만날 수 있어. 호두와 흑곶감, 감태캐러멜, 구운 피스타치오, 밤꿀과 고르곤졸라 맛 같은 개성 있는 메뉴부터 딸기, 사과, 자두, 포도 등 계절의 맛을 느낄 수 있는 제철 생과 소르베까지 다양하게 준비되어 있어서 한 가지 맛만 선택하기 힘들지 몰라. 젠제로 젤라토에 입문하면 여름 내내 방앗간처럼 수시로 드나들게 될 거야.

📍 서울 강남구 선릉로126길 14 예우빌딩 1층
☎ 02-543-1261
🕐 매일 12:00~22:00
📷 zenzero.seoul

🗓 매일 라인업이 조금씩 달라지니 인스타그램에서 미리 확인해보는 것을 추천해.

새콤달콤
여름 맛이 있는 곳

옹그릭

달콤한 복숭아와 크리미한 그릭요거트의 조합으로 싱그러운 여름의 맛을 탄생시킨 곳, 옹그릭이야. 이곳에서는 한국인 입맛에 맞게 레시피를 연구 개발하고, 전통 방식으로 옹기 안에 넣어 정성으로 빚어낸 특별한 그릭요거트를 만날 수 있어. 체세포 수, 세균 수 모두 1등급을 받은 국내산 원유와 덴마크 최상급 유산균으로 한 땀 한 땀 빚어서 만든 덕분인지, 옹그릭의 그릭요거트는 산미가 적으면서도 부드럽고 담백한 맛이 일품이라고 해.

이곳의 시그니처 메뉴는 복숭아 안에 그릭요거트를 꽉꽉 채워 넣은 메뉴 복그릭이야. 비주얼만으로도 멋스러운 복그릭은 사계절 언제든 만날 수 있어. 여름에만 맛볼 수 있는 복숭아를 사시사철 즐기기 위해 복숭아를 통째로 조려 가공하기 때문이지. 소량의 유기농 설탕 외에는 아무것도 넣지 않아서 복숭아 본연의 맛을 느낄 수 있다고 해. 티타임용 디저트, 와인 안주, 선물 등으로도 좋으니 여름의 맛이 생각날 때면 이곳에 들러봐. 크림치즈 질감의 찰진 요거트와 기분 좋은 달콤함을 주는 복숭아의 조화에 빠져들 거야.

📍 대구 동구 신서로22길 4-4 1층
📞 0507-1447-2025

🕐 화~토 11:30~19:00 / 일, 월 휴무
📷 ong_greek

꾸옥

옥수수가 맛있는 강원도에서 여름의 맛을 느껴볼까? 강릉에 위치한 옥수수 디저트 전문 카페 꾸옥에 가면 귀여운 옥수수 알갱이 캐릭터가 반겨줄 거야. 작지만 아늑한 이곳에선 입안 가득 옥수수 향이 퍼지는 고소한 옥수수크림라테와 옥수수밀크 음료를 만날 수 있어. 그뿐만 아니라 적당한 단맛의 부드러운 옥수수푸딩도 인기 메뉴야. 바나나푸딩, 초코푸딩은 들어봤어도 옥수수푸딩은 색다를 거야. 혹시나 매장 내 좌석이 모두 만석이라도 걱정 마. 바로 앞에 있는 강릉 강문해변에 앉아 시원한 바다를 바라보며 먹을 수 있거든. 부드럽고 달콤한 한 입에 깊은 여름의 계절감을 만끽할 수 있을 거야.

📍 강원 강릉시 창해로 378 1층
☎ 0507-1309-3680
🕐 화~일 11:00~19:00 / 월 휴무

📷 gn_gguok
📖 옥수수푸딩은 점심 전에 품절되기도 하니 오전 중에 방문하길 추천해.

망중한
커피앤티

가을에는 깊은 단맛을 내는 밤이 빠질 수 없지. 당도가 높고 특유의 고소함 덕분에 밤 맛이 좋기로 유명한 공주에는 밤 디저트 전문 카페 망중한커피앤티가 있어. 이곳은 전통적인 느낌이 물씬 풍기는 한옥카페로 매장 곳곳에 한지로 만든 전등과 조명이 고즈넉함을 더해줘. 공주 햇밤을 이용해 직접 만든 수제 밤아이스크림, 진한 플랫화이트 베이스에 밤아이스크림을 올린 커피, 밤아이스크림과 콜드브루가 만난 아포가토 등 특별한 디저트를 맛볼 수 있어. 모두 밤으로 만든 메뉴라서 비슷할 것 같지만 각기 다른 매력이 있다고 해. 음료 메뉴 외에도 직접 갈아 만들어 더욱 쫀득한 보늬밤피낭시에도 꼭 먹어봤으면 해. 밤아이스크림은 한정 수량으로 일찍 솔드아웃되기도 하니 참고해.

📍 충남 공주시 제민2길 3-2
☎ 0507-1339-4904
🕐 화~일 12:00~21:00 / 월 휴무

📷 mangjoonghan_
🗓 1층은 아이 동반 가능이고, 2층은
　 노키즈존임을 참고해.

겨울은 고구마의 계절

선생조고매

'겨울' 하면 빠질 수 없는 달달한 고구마가 우리나라에서 처음 심어진 시배지는 부산 영도라는 사실! 아마도 몰랐을 거야. 이를 기념하기 위해 영도에서는 조내기고구마 역사기념관을 설립했다고 해. 1층에는 고구마 역사를 이야기하는 작은 전시실이 있고, 2층에는 고구마 콘셉트 카페 선생조고매가 있어. 이곳에 들어서면 고구마 냄새가 솔솔 풍기고, 매장 곳곳에는 고구마 그림이 놓여 있을 만큼 고구마에 진심인 공간이야. 국내산 고구마가 들어간 찹쌀고구마빵과 달달한 꿀고구마라테, 고구마스틱 등 고구마로 만든 다채로운 디저트 메뉴를 만날 수 있지. 방문하게 된다면 3층 루프탑에 꼭 들러봐. 부산 영도의 오션 뷰를 바라보며 따뜻 달달한 고구마를 즐길 수 있을 거야.

📍 부산 영도구 벚꽃길 75
☎ 051-413-7082

🕐 월~금 10:00~17:00 /
    토, 일 10:00~21:00
📷 jogomae_cafe

👉 여행 사진을 더 잘 찍고 추억하는 꿀팁

여행 가면 꼭 하는 게 뭘까? 바로 사진 찍기! 아무래도 그날의 날씨, 나의 표정, 장소의 분위기가 고스란히 사진에 담겨서 그런 것 같아. 그런데 사진을 찍긴 찍는데 늘 만족스럽지 못했다면 이번 정보들을 주목해줘. 여행지에서 사진을 더 잘 찍을 수 있는 꿀팁을 소개할게. 그리고 여행지에서 한가득 찍어온 사진은 정리되지 않은 채 방치되기 마련이잖아. 이왕이면 소중한 여행 사진을 내 일상과 더 가까운 곳으로 꺼내어 특별하게 추억하는 방법도 알려줄게.

✦ 여행 사진을 더 만족스럽게

여행 사진 꿀팁이 가득한
운찌 🅞 woon_zzi

'오늘도 운찌 있는 하루'라는 슬로건으로 전 세계 운치 있는 풍경을 찾아 여행하는 인스타그램이야. 운영자가 여행 크리에이터이니 만큼 여행지를 사진과 영상으로 담아내는 스킬이 대단해. 여기서 소개하는 촬영 꿀팁만 있다면 대단한 장비 없이 오로지 스마트폰 카메라로 우리도 멋진 여행 사진을 남길 수 있어. 랜드마크와 사람 둘 다 강조하여 예쁘게 담는 법, 파노라마 기능으로 신기한 사진 찍는 법, 타임랩스로 재밌는 영상 찍는 법, 친구들과 릴스 찍는 법 등 다양한 꿀팁을 게시물 곳곳에서 볼 수 있어.

아날로그의 매력
필름 카메라

필름 카메라는 특유의 색감과 노이즈 덕에 스마트폰이 주지 못하는 감성을 전달해. 또 어떤 필름을 사용하는지에 따라 사진 느낌이 달라지기도 하니, 한 여행지에서 필름 한 롤을 모두 사용해 사진을 남겨보자. 그 여행지만의 색감이 담긴 사진을 얻을 수 있는 건 물론이고, 도시 이름이 적힌 필름 통이 쌓여갈 때마다 뿌듯함도 더해질 거야. 필름 카메라가 없다면 일회용 카메라도 좋아. 하지만 15,000원 정도 하는 일회용 카메라를 매번 구매하기보다 3,000~4,000원 하는 필름을 구매하는 것이 더 저렴할지도 몰라. 저가 필름 카메라는 50,000원 내외로 구매할 수 있으니 말이야.

손쉽게 감성 한 스푼 추가하기
캐럿 🅞 carat.im

인스타그램 감성 장인 인플루언서들은 어떤 필터를 쓸까 궁금했다면 캐럿 앱을 검색해봐. 인플루언서의 필터를 그대로 세팅해놓아 다양한

필터를 골라 사용할 수 있어. 그 외에도 카메라의 인기 덕분에 중고가 역주행 중인 아이폰XS 색감 필터, 카페 무드 필터, 여행지에 어울리는 필터 등 다양한 필터가 있어. 캐럿은 필터별 2회 무료이고, 그 이상 사용하려면 구매가 필요해. 구매 시 해당 필터는 무제한으로 사용 가능해.

✦ 여행 사진을 더 잘 추억할 수 있게

내 여행 사진을 액자로
오프린트미  ohprint.me

'내가 찍었지만 참 잘 찍었다~' 생각되는 여행 사진 한 장쯤 갖고 있지 않아? 스마트폰 속에만 머무르기엔 아까운 사진을 포스터로 인쇄하여 내 방 한편에 붙여보자. 포스터 속 풍경을 마주할 때마다 나를 추억 속 여행지로 데려가 줄 거야. 내 손으로 찍은 사진으로 방을 꾸몄다는 뿌듯함은 덤이야. 포스터 인쇄 서비스는 단 한 장도 인쇄 가능한 오프린트미를 추천할게.

세상에 하나뿐인 여행 지도
포토로그 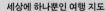 photolog.kr

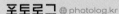

내가 찍은 사진으로 가득 채운, 세상에 하나뿐인 여행 지도로 특별하게 여행을 추억해봐. 포토로그는 서울 지도부터 대한민국전도, 세계지도 등 빈 지도에 내 여행 사진을 채워 넣을 수 있는 앱이야. 여행을 다녀온 지역마다 사진을 하나씩 채우는 재미가 쏠쏠해. 게다가 지도가 채워지면 지역 모양 조각으로 스티커를 인쇄할 수 있어서 나만의 여행 도장 깨기 지도를 만들 수 있어.

추억을 한 권의 책으로
스탑북  stopbook.com

가끔 여행 사진들을 넘기다 보면 난 어느새 그곳에 가 있어. 라오스의 푸른 냇가, 노르웨이의 하얀 겨울, 내가 사랑하는 파리의 쿰쿰한 분위기. 몇 개의 폴더를 열어봤을 뿐인데 말이야. 이렇게 지난 기억을 돌아보는 것만으로도 다시 여행한 듯한 기분인데, 폴더 속 쌓여 있는 여행 사진을 현실에 꺼내놓아 보면 어떨까? 사진을 한 권의 책으로 만들어주는 스탑북에서 도시별로 여행 포토북을 만들어봐. 여행을 추억하는 좋은 책이자 나만의 여행 가이드북이 되어줄 거야.

Chapter 4

누군가와
함께하고 싶어

다양한 형태로 함께 떠나기

with

나
자신과
함께

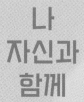

혼자 보내는 시간을 재미있게 하는 것들

My

lf

그런 날이 있어. 친구가 만나자고 해도
"이번 주말은 (나와의) 약속이 있어"라고
대답하고 싶은 날. 가끔은 시간을 내서
오롯이 나 자신과의 시간을 보내보자. 집에서
뒹굴뒹굴하거나 좋아하는 책을 실컷 읽은
다음, '이제 무얼 해야 하지?'라는 생각이 들
때, 나와의 시간을 더욱 재미있게 만들어줄
방법을 알려줄게.

**시간 순삭
방 탈출 게임북 1**

당신은
사건 현장에
있습니다

공항, 이집트 박물관, 주방, 호텔 등 유럽 곳곳에서 12개의 의문스러운 사건이 발생하는데…. '나'는 CSI 요원이 되어 살인사건 현장을 돌아다니며 오로지 눈으로 본 단서를 가지고 범인과 범행 동기, 살해 방법을 찾아내야 해. 여러 개의 독자적인 사건을 다루고 있어서 목차를 보고 마음에 드는 케이스를 골라 풀 수 있어. 하지만 사건 1 '공항, 커피 그리고 죽음'이 가장 난도가 낮으니 첫 장부터 시작하는 것을 추천할게. 거의 모든 죽음에는 막장 요소가 섞여 있어서 미드를 보는 느낌이 들지도 몰라. 훌륭한 일러스트도 이 책의 소장 욕구를 자극하는 요소야.

단서를 꼼꼼히 보다 보면 힌트 없이도 문제를 풀 수 있어. '이것까지 체크해야 하나?'라고 생각이 드는 요소라도 빼놓지 말고 확인하다 보면 범인이 점점 드러날 거야.

시간 순삭 방 탈출 게임북 2
아이콕스 리얼 탈출북

방 탈출 게임을 세계 최초로 선보인 업체에서
제작한 아이콕스 리얼 탈출북은 빈틈없는 스토리와
흥미진진한 추리 과정 덕분에 시간 가는 줄 모르고
빠져들게 만들어. 총 3편까지 출간되었는데, 난도가
시리즈 순으로 올라가기 때문에 1편
<늑대 인간 마을에서 탈출>부터
플레이하기를 추천해. 책과 인터넷상
어디에도 답이나 해설이 없어서
막히면 답이 없다는 게 이 책의
장점이자 단점이야.

> 📖 책 구성품 모두
> 각각의 역할이 있어서
> 소품 하나라도 잃어버리면
> 게임 플레이가 어려워질
> 수 있으니 책을 소중히
> 다루길 바라.

> 📖 오답임에도
> 불구하고 다음
> 스테이지로 넘어가는
> 난감한 상황을 막기 위해
> '카카오톡 플러스친구'로
> 문제의 정답을 확인할
> 수 있어.

시간 순삭 방 탈출 게임북 3
악마의 버스

불면증으로 고생하던 '나'는 수면제의 힘으로 잠에
빠져 이상한 버스를 타는 꿈을 꾸는데, 내가 타게
된 이 버스가 악마로부터 저주를 받은 사람들이 탄
지옥행 버스라고? 악마가 낸 수수께끼를 주어진 시간
내 풀어서 '각성의 문'에 도착하지 못한다면 버스에
탄 사람들 모두 영원히 잠에서 깨지 못한 채 악마의
지옥을 헤매게 된다는, 도시괴담 콘셉트의 방 탈출
게임북이야. 문제 페이지를 하나씩 넘기면 답과 풀이
방식을 확인할 수 있는 직관적인 형식으로 구성되어
있어. 국내 작가의 첫 작품이라는 사실이 믿기지 않을
만큼 스토리 설정이 치밀하고, 책에 실린 문제 수가
매우 많은 편이야. 문제 난도가 낮고 직관적이라 방
탈출 게임북 입문자에게 추천할게.

내 방의 식물 룸메이트

튤립
구근 기르기

튤립은 겨울에 심어서 봄에 꽃을 피우는 식물이야. 하루하루 자라는 모습을 실시간으로 관찰할 수 있어서 기르는 동안 뿌듯함이 더욱 커. 구근을 흙에 심을 필요 없이, 뿌리 부분만 물에 닿게 놓아주면 알아서 쑥쑥 자라기 때문에 아무리 곰손이라도 쉽게 기를 수 있어. 튤립 구근은 저온처리를 거쳐야 싹을 틔울 수 있는데, 농장에서 저온처리를 마치고 판매하는 12~1월쯤 튤립 구근을 구입해봐. 온도가 낮고 통풍이 잘 되는 베란다 등의 공간에서 기르길 추천해. 따뜻한 방 안에서는 좀 더 빨리 자라지만 튼튼하지 않게 웃자라거나 금방 시들 수 있어. 다양한 튤립 구근 중 취향에 맞는 모양과 색상을 선택할 수 있으니 나만의 꽃밭을 상상하며 골라보자. 봄기운이 슬슬 올라올 때쯤엔 활짝 핀 꽃을 만날 수 있을 거야.

🌐 smartstore.naver.com/pulddegi
📷 카페에서 음료를 마시고 남은 플라스틱컵을 재활용해서 구근을 길러봐. 둥근 돔 형태의

뚜껑을 컵 위에 거꾸로 놓고, 구멍을 통해 구근의 뿌리를 아래로 빼주면 돼.

책상 위 미니 농장

무럭무럭
키트

영화 <리틀 포레스트>를 봤다면 직접 키운 농작물로
삼시 세끼 모두 만들어 먹고 싶다는 로망을 갖고 있을지
몰라. 집에서 직접 식재료를 재배하고 싶다면 농약이나
화학처리가 되지 않은 씨앗을 파는 '무럭무럭스토어'를
추천할게. 이곳은 버섯, 새싹채소, 보리, 귀리 등 평소
가정에서 쉽게 기르기 어려웠던 생물들을 유기농 키트로
판매하고 있어. 책상 위 작은 공간만 있다면 나도 미니
농장의 주인이 될 수 있을 거야. 직접 수확한 싱싱한 버섯을
따서 맛있는 요리를 만들어보는 건 어때?

mooluckmooluck.com
버섯 키트는 배송받은 후 2~3일 이내에

기르기 시작해야 해. 만약 바로 시작하지
못할 경우 최대 5일까지 냉장 보관이 가능해.

나의 기분을
잘 표현하고 싶다면?

밑미
감정카드

오늘 기분이 어때? 혹시 지금 마음속에 '좋아' '짜증나' '그냥 그래' '잘 모르겠어' 등의 단답형 답만 떠오르지 않았어? 한 단어로 표현되는 이 감정들 속에는 사실 진짜 나의 마음이 숨어 있어. '짜증나'라는 감정 속에는 '먼저 취직한 친구에게 질투가 나'라는 마음이, '좋아'라는 감정 속에는 '회사에서 인정을 받아서 뿌듯해'라는 마음이 숨어 있을 수 있어. 하지만 마음의 소리를 듣는 것이 익숙하지 않은 사람이라면, 이를 알아차리기 어려워. 이럴 때는 다양한 자아 탐색 리추얼을 제시하는 브랜드 밑미*Meet Me*의 감정카드를 사용해봐. 감정카드는 밑미와 심리전문가가 함께 만들었다고 해. 60개의 감정이 적힌 카드와 이 감정에 대한 질문카드, 나 자신을 돌보는 방법을 알려주는 셀프케어카드, 감정일기장 등 내 감정을 상세히 들여다보고 풀어낼 수 있는 도구가 들어 있어. 내 마음의 소리를 들어주는 것만으로도 답답했던 마음이 자유로워질 거야.

🌐 nicetomeetme.kr
💬 혼자서도 사용할 수 있지만, 둘 혹은 여럿이 함께도 사용할 수 있어. 가까운 사이지만

속마음을 표현하기 어려웠거나 솔직한 대화를 나누고 싶을 때 밑미카드를 활용해봐.

질문을 통해
나를 알아가는

디퍼 툴킷

디퍼는 먼저 경험한 사람의 인터뷰를 통해 질문을 던지고, 이에 대한 답을 찾으며 나를 발견할 수 있도록 돕는 브랜드야. 하나의 인터뷰에는 1개의 툴킷이 포함되어 있어. 툴킷은 질문지 형식으로 되어 있는데 하나의 주제에 대한 나의 생각을 정리할 수 있게 도와줘. PDF 파일로 제작되어 무료로 다운받을 수 있어. 한 달 살기에 대한 인터뷰에는 '나에게 맞는 도시 찾기' 툴킷이, 귀촌에 관한 인터뷰에는 '주말 귀촌 계획표 짜기' 툴킷이 들어 있어. 질문에 대답하며 진짜 내가 원하는 것을 알아가고, 이를 통해 나 자신과 친해지는 시간이 될 거야.

🌐 differ.co.kr
📑 PC에서 디퍼 사이트에 접속하면, 아티클의 제목에서 한 단어씩 빠져 있는 것이 보일

거야. 커서를 가져가면 단어가 '짠' 하고 나타나. 빠진 단어를 유추하고 확인하며 아티클을 둘러보는 것도 쏠쏠한 재미야.

**아무것도
안 해도 좋은 곳**

스테이늘랑

조용한 쉼이 있는 여행을 꿈꾼다면, 제주의 게스트하우스 스테이늘랑을 추천해. 이곳의 객실은 대부분 1인실이야. 제주 풍경이 내다보이는 창문, 책이 가득 꽂혀 있는 책장, 깨끗한 침대가 있는 방은 혼자 머물기에 충분해. 가만히 앉아 있으면 풀벌레 소리와 새 소리가 들려와. 아무것도 안 하고 숙소에만 있어도 좋았다는 후기가 있을 정도로 마음 편히 머물 수 있을 거야. 조식으로는 직접 만든 빵과 과일 등이 제공되고, 이 시간에는 숙박객들과 스태프들까지 다 같이 둘러앉아 소소한 이야기를 나눌 수 있어. 낮에는 각자 조용하게 할 일을 하며 혼자만의 시간을 즐기는 분위기야. 스테이늘랑에서 편안한 휴식을 찾아봐.

📍 제주 제주시 한경면 판포중2길 7
☎ 0507-1495-1982
✅ 네이버 예약
📷 stay_always_rang

📖 제주도 시골 마을의 특성상, 해가 지면 매우 깜깜해져. 뚜벅이 여행자라면 해가 지기 전에 숙소로 돌아오는 것이 좋겠어.

✦

**미식의 세계를
넓혀보자**

오프컬리

서울 성수에 있는 오프컬리는 색다른 미식 경험을 제공하는 마켓컬리의 오프라인 공간이야. 다양한 지역의 생산자, 브랜드와 협업하여 다채로운 체험을 제안하고 있어. 원데이클래스는 시즌별 테마에 맞춰 운영돼. 컬리에서는 이를 도슨트라고 부르는데, 전문가의 설명 아래 한 가지 주제의 미식을 깊게 탐구할 수 있기 때문이야. 그동안 진행된 도슨트로는 '지중해 올리브오일을 테이스팅하고 셰프의 요리 맛보기' '초콜릿 테이스팅 후 풍미에 맞는 식재료 페어링하기' 등이 있어. 각 클래스마다 분야별 전문가가 초빙되어 좀 더 넓은 미식의 세계를 경험할 수 있지. 설명을 들으며 나의 오감에 집중해야 하기 때문에, 혼자 방문한다면 깊은 탐구의 시간을 맘껏 즐길 수 있을 거야.

📍 서울 성동구 서울숲2길 16-9
☎ 0507-1377-1615
🕐 월, 화, 목, 금, 토 12:00~21:00 /
　 수, 일 휴무
✔ 네이버 예약

📷 offkurly
💬 한 시즌이 끝나고 쉬어가는 기간이나 새로운 도슨트 공지는 인스타그램으로 확인할 수 있어.

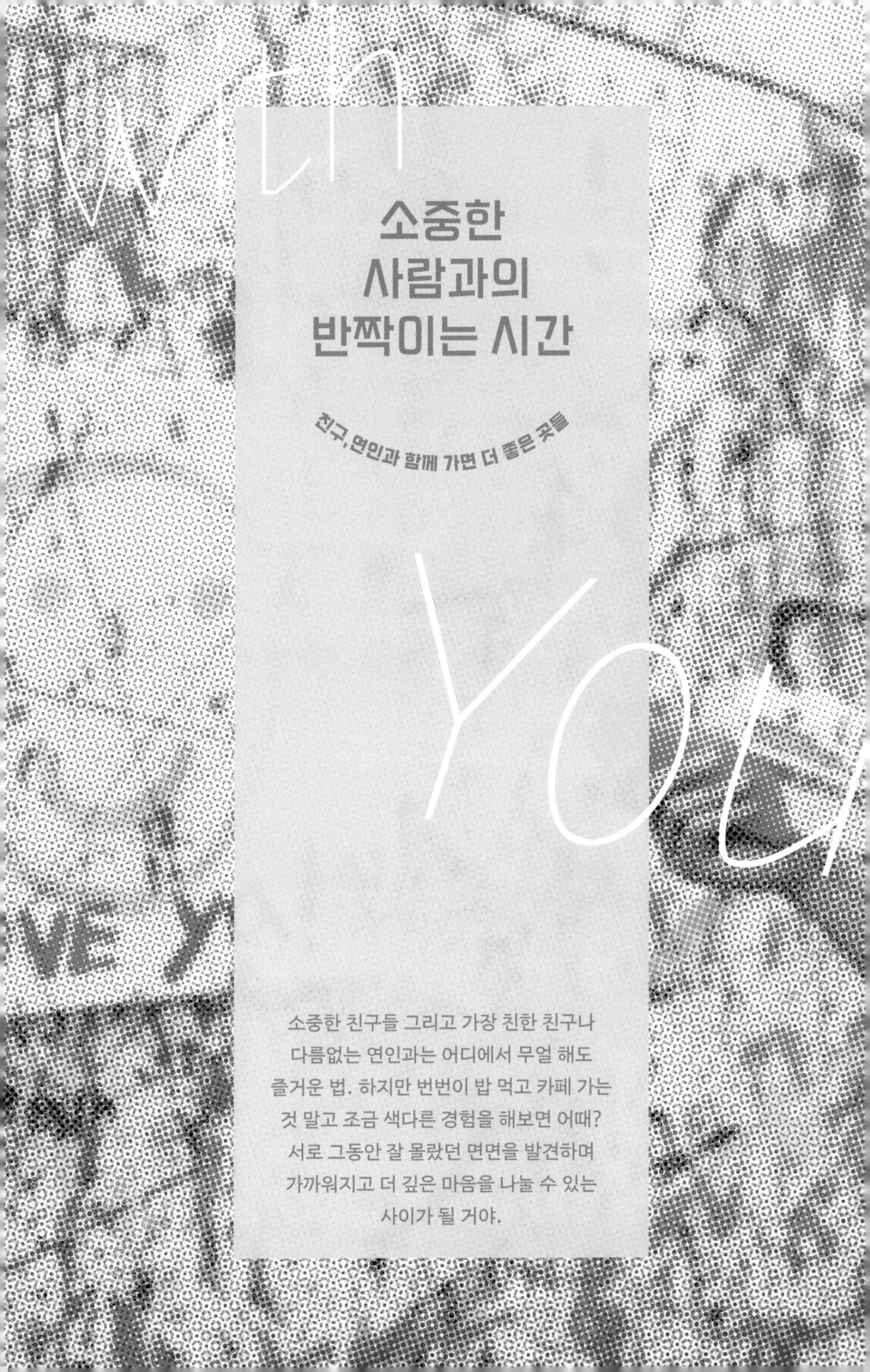

소중한
사람과의
반짝이는 시간

친구, 연인과 함께 가면 더 좋은 곳들

소중한 친구들 그리고 가장 친한 친구나
다름없는 연인과는 어디에서 무얼 해도
즐거운 법. 하지만 번번이 밥 먹고 카페 가는
것 말고 조금 색다른 경험을 해보면 어때?
서로 그동안 잘 몰랐던 면면을 발견하며
가까워지고 더 깊은 마음을 나눌 수 있는
사이가 될 거야.

깊은 대화가 술술 나오는

스웨덴
피크닉

시시콜콜한 가십 말고, 의미 있는 대화를 나누고 싶다면
와인 바 스웨덴피크닉으로 가봐. 아기자기하면서 통통
튀는 밝은 분위기의 인테리어, 다양한 내추럴와인, 예쁘게
플레이팅된 안주들. 여기까지는 다른 와인 바와 다를 게 없어
보인다고? 그렇지 않아. 이곳에만 있는 킥이 있으니,
바로 '피카 카드'야.
피카 카드는 대화를 할 수 있는 질문과 주제가 담긴 카드야.
'다시 그때로 돌아가면 나의 태도는 어떻게 바뀌었을까?'
'요새 내가 듣고 싶은 말은?' '우리가 가까워진 것은 어떤
공통점이 있기 때문일까?' '그때 정말 고마웠어! 표현하고
싶은 일이 있다면?' 등 나를 돌아볼 수 있는 질문부터, 친구,
연인과 함께 나눌 수 있는 질문까지 다채롭게 구성되어 있어.
취중진담이라고 하잖아? 와인 한 잔으로 가볍게 취기가 오른
상태에서 질문 카드로 대화를 나눈다면 대화가 술술 나오게
될 거야. 송리단길점과 서울숲점이 있는데, 두 지점의 메뉴가
조금씩 다르니 취향에 맞는 곳으로 가보면 좋겠어.

송리단길점
📍 서울 송파구 백제고분로43길 10 지하 1층
☎ 0507-1353-4119
🕐 월~금 17:00~24:00 /
　 토~일 15:00~24:00
📷 sweden_picnic

서울숲점
📍 서울 성동구 왕십리로5길 9-20 2층
☎ 0507-1379-4707
🕐 매일 11:30~23:00
📷 sweden_picnic

**한강을 둥둥
떠다니는 식당**

세빛섬
튜브스터

한강을 둥둥 떠다니며 맛있는 음식을 즐길 수 있다면,
그곳이야말로 지상 낙원이 아닐까? 세빛섬의 튜브스터에서는
가능한 이야기야. 튜브스터는 동그란 보트 위에서 음식을
즐길 수 있는 수상 레저야. 보트에 탑승하면 중앙 테이블을
중심으로 둘러앉게 돼. 먹고 싶은 걸 맘껏 사 와서 즐길 수
있으니 치킨, 피자, 김밥, 떡볶이 등 준비는 필수! 단, 안전을
위해 주류는 논알코올만 반입 가능해. 정해진 시간 동안 보트
위에서 우리만의 파티를 열어보자.
매년 3월, 날이 풀리기 시작하면 개장해서 가을까지 운영돼.
낮에 가면 파란 하늘과 쾌청한 날씨를 즐길 수 있고, 밤에 가면
반짝반짝 빛나는 한강의 야경을 감상할 수 있어. 노을 지는
한강의 풍경을 보고 싶다면 일몰 시간에 맞춰 방문해봐. 현장
입장만 가능하고 주말에는 대기가 있을 수 있다는 점 참고해.

📍 서울 서초구 올림픽대로 2085-14
☎ 070-4288-1363
🕐 (3~5월, 10~11월) 월~금 15:00~23:00 /
   토, 일 13:00~23:00
   (6~9월) 월~금 16:00~24:00 /

토, 일 14:00~24:00
🖥 tubester.co.kr
💰 인원수가 아닌 보트당 가격으로 책정돼.
   6인까지 탑승 가능하니, 여러 명이 방문하는
   게 이득이야.

밤하늘을 가득 메운 별

안반데기

별이 쏟아지는 밤하늘을 친구와 함께 본다면, 평생 잊을 수 없는 추억이 될 거야. 강릉 안반데기는 시야가 탁 트여 있고 공기도 깨끗해서 우리나라에서 별을 관찰할 수 있는 최적의 장소라고 해. 안반데기로 가려면 차로 이동해야 하는데, 올라가는 길이 다소 험해서 해가 지기 전에 미리 도착하는 것을 추천해. 차가 없어도 걱정하지 마. '강릉 안반데기 투어'가 다양하게 있어. 고도가 높아서 해가 지면 매우 추워지니, 두꺼운 옷과 핫팩 등 보온 용품은 필수로 준비해야 해. 해가 지기를 기다리는 동안, 간식을 먹으며 수다를 떠는 그 시간도 참 재미있을 것 같아. 깜깜한 밤이 오고 별이 하늘을 수놓으면 힘들게 올라와 기다린 시간이 무색할 만큼 아름다운 광경을 만나게 될 거야.

ⓘ

📍 강원도 강릉시 왕산면 안반데기길 428
☎ 033-655-5119
🕐 연중 개방, 상시 이용 가능
🔗 안반데기.kr

🖥 네비게이션에 '멍에전망대'를 검색하고 가서 멍에전망대 바로 앞 주차장 이용 (멍에전망대는 폐쇄되었지만 근처 진입 가능)

깔깔 웃다 보면
작품이 완성되는

페인트래빗

페인트를 물총으로 쏘고, 손으로 찍어 바르고, 붓으로
칠해가며 신나게 우리만의 작품을 만들며 노는 공간인
페인트래빗. 보호 슈트와 고글 등 필요한 장비는 모두
제공되니 자유롭게 즐기기만 하면 돼. 캔버스뿐만 아니라
서로의 슈트에 손바닥 도장을 찍기도 하고, 물총을 뿌리기도
하며 아이로 돌아간 듯 자유로운 시간을 보내보자. 신나는
음악과 함께 투닥투닥 몸으로 놀다 보면 일말의 어색함까지
모두 없어질 거야. 1인당 31,000원으로 가격이 다소 높은
편이지만 1시간 20분간 여유롭게 즐긴 후 완성된 그림은
가져갈 수 있어 후기가 좋아.

합정 본점
📍 서울 마포구 월드컵로8길 34 2층
☎ 070-4351-3320
🕐 월, 화 15:00~20:30 /
   토, 일 12:00~20:30 / 수~금 휴무
✅ 네이버 예약
📷 paintrabbit.studio

성수점
📍 서울 성동구 성수이로 39 2층
☎ 070-8633-1151
🕐 목, 금 15:00~20:30 /
   토, 일 12:00~20:30 / 월~수 휴무
✅ 네이버 예약
📷 paintrabbit.studio

크라임씬
카페
퍼즐팩토리

추리 카페 크라임씬은 우리가 직접 살인 사건의 용의자 또는 범인이 되어 누가 범인인지 찾아내는 추리 게임을 하는 곳이야. 참가자들이 용의자와 범인이 되는 것이기 때문에 각자의 역할에 맞게 연기를 해야 해. 처음에는 난생 처음 하는 연기가 어색하고 오글거릴 수 있지만, 역할에 맞는 의상을 제공하고, 사건 현장인 세트장을 잘 구현해놓아 금세 몰입할 수 있을 거야. 살인 사건 현장에 흩뿌려진 단서와 증거를 모아 제한 시간 내에 범인을 찾아내면 게임 성공! 홍대, 분당, 강남, 대구 동성로 등 여러 지점이 있는데 각 지점마다 다른 테마가 준비되어 있어. 폐정신병원 살인 사건, 호그와트 살인 사건, 가면 파티 살인 사건 등 듣기만 해도 살벌한 테마들이야.

📍 서울 마포구 와우산로21길 34, 3층
 (홍대 본점)
☎ 0507-1358-3531 (홍대 본점)

🕐 매일 12:00~23:00
✅ 홈페이지 예약(모든 지점 예약 가능)
🔗 puzzlefactory.co.kr

내가 만든
단 하나뿐인 향기
비푸머스

친구, 연인에게 어울리는 세상에 단 하나뿐인 향수를 만들어 선물해보면 어때? 비푸머스에서는 프랑스산 최상급 향료 200여 종을 사용하여 내 취향이 담긴 향수를 만들 수 있어. 전문 조향사가 내가 원하는 향을 추천해주고, 맘에 꼭 드는 향이 탄생할 수 있도록 잘 이끌어준다고 해. 네이버 평점 4.9를 자랑하는 원데이 클래스 가격은 50,000원부터야. 클래스의 난이도가 Level 1, Level 2로 나뉘어 있어서 초보자는 물론이고 조향에 익숙한 사람이라면 더욱 섬세한 조향을 할 수 있을 거야.

📍 서울 마포구 와우산로33길 23 102호
☎ 0507-1350-3553
🕐 매일 11:30~20:30
✔ 네이버 예약
📷 13fumus

🔖 원데이클래스 찾기 꿀팁! 모바일 네이버에 '내 주변 원데이 클래스'를 검색하면 우리 동네에서 진행되는 원데이 클래스를 찾아줘. 만약 검색해도 나오지 않는다면 위치 정보를 허용했는지 확인하도록 해.

✦

꼼지락 꼼지락
우리 우정템은 여기서

옵-젤상가

별다꾸(별걸 다 꾸미는)의 시대, 친구와 나의 우정을 듬뿍 담은 아이템을 만들러 가보자. 연희동 사러가마트 2층으로 올라가면 레트로 무드 그 자체인 옵-젤상가가 나올 거야. 벽에는 에코백, 파우치, 장갑 등 작품의 배경이 되어줄 잡화들이 걸려 있고, 매장 중앙에는 귀여운 와펜들이 가득해. 시장에서나 볼 수 있는 작은 과일 바구니에 마음에 드는 와펜과 열쇠고리 등 꾸미기 재료를 담아봐. 레트로한 디자인과 긍정적인 문구들 중에서 선물 줄 상대를 생각하며 고르다 보면 더 꿀잼일 거야. 고른 재료를 옷이나 패브릭에 원하는 대로 배치하면, 다림질로 와펜을 붙여주고, 미싱 서비스도 가능해. 금요일 18:00~19:30, 주말 11:00~19:30에는 현장에서 서비스를 받을 수 있고, 나머지 시간이라면 카운터에 맡긴 후 택배로 받아볼 수 있어. 우리의 우정과 사랑을 담은 귀여운 아이템을 완성하면 친밀도가 +100 상승할 거야!

ⓘ

📍 서울시 서대문구 연희맛로 23 2층 7호
☎ 02-323-7778

🕐 매일 11:00~20:00 /
매달 첫째, 셋째 주 월 휴무
📷 object_sangga

현존하는 가장 오래된 서양식 주택

우일선선교사사택

우일선선교사사택은 미국인 선교사
윌슨*Wilson*이 지은 곳으로 이분의
한국 이름이 '우일선'이었다고 해.
우일선선교사사택이 있는 양림동은
'양림역사문화마을'로도 불리는데,
광주에서 가장 먼저 선교사들이 개화
운동과 선교 활동을 펼친 지역이야. 그래서
지금까지 시대의 흔적이 남아 있는 예쁜
근대 건축물을 만날 수 있어. 산책하듯
구경하면 구석구석 볼거리가 많아서 친구,
연인과의 여행지로 추천할게.

📍 광주 남구 제중로47번길 20
📞 062-607-2311

마을을 돌아보는 재미가 있는

청라언덕

청라언덕은 대구의 몽마르트라고 불릴
만큼 풍경이 아름다운 곳이야. 청라언덕
위에는 블레어주택, 챔니스주택,
스윗즈주택 등 미국 선교사 주택이
있어. 이 건물들은 기독교 선교사들이
주거했던 곳으로, 타임머신을 타고
1900년대로 돌아간 것 같은 기분이
들지도 몰라.

📍 대구 중구 달구벌대로 2029
📞 053-627-8986
🏛 청라언덕에 방문한다면 근대역사의 흔적이
남아 있는 근대골목 투어도 빼먹지 말길
바라.

효도는
이곳에서

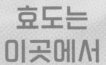

부모님과 뜻깊은 시간을 보낼 수 있는 여행지를

사랑하는 부모님과 좋은 곳에 가서 행복한
여행을 하고 싶은 마음은 모두 가지고
있을 거야. 하지만 나도 부모님도 모두
만족하는 장소를 찾기는 쉽지 않아서 매번
고민하곤 하지. 여기서는 부모님의 마음은
물론 내 마음에도 꼭 들 만한 장소들을
소개할게. 오래오래 이야기 나눌 만한 즐거운
추억거리를 하나 추가할 수 있을 거야.

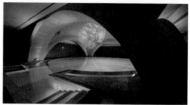

**부모님의
건강을 위한 효도 여행**

WE호텔

한라산 중턱에 있는 5성급 프리미엄 헬스 리조트 WE호텔.
한라산에 둘러싸인 호텔이라니, 위치부터 벌써 부모님
마음에 쏙 들 것 같은 곳이야. 이곳은 부모님의 힐링과
건강을 책임져줄 다양한 웰니스 프로그램을 운영하고 있어.
몸을 물 위에 띄워 스트레칭과 명상으로 긴장을 푸는 아쿠아
플로팅, 크리스탈 싱잉볼을 연주하며 스트레스를 해소하는
마인드 테라피, 아침에 피톤치드 가득한 숲을 걷는 힐링
포레스트 등 휴식을 주는 프로그램으로 가득해. 푸른 숲과
그 너머에 시원한 바다가 보이는 뷰 덕분에 객실에서도
힐링은 계속돼. 부모님과 함께하는 제주도 여행이라면,
마지막 날은 이곳에 머물며 여독을 풀고 릴랙스하는 시간을
가져봐.

📍 제주 서귀포시 1100로 453-95
📞 064-730-1200

✅ 홈페이지 예약
🌐 wehotel.co.kr

파크로쉬
리조트앤
웰니스

파크로쉬는 가리왕산 바로 앞에 있어 온통 초록색 뷰로 가득한 곳이야. 주변에 오로지 산밖에 없기 때문에 쾌적한 리조트 안에서 한적하고 조용하게 쉬고 오기 딱이야. 이곳에서는 투숙객 한정으로 무료로 참여할 수 있는 웰니스 프로그램을 운영해. 오로지 가리왕산 뷰로 가득 채운 GX룸에서 명상, 요가, 필라테스, 테라피를 진행해. 푸르고 거대한 산을 보며 진행하는 프로그램은 힐링 그 자체야. 프로그램 진행 시 별도로 운동복을 제공하지 않으니 미리 챙겨오는 것, 잊지 마. 이외에도 파크로쉬는 다양한 부대시설을 제공하고 있어서 심심할 틈이 없어. 야외 수영장, 사우나, 탁구장, 라이브러리, 가든 모닥불 등 한 번씩만 돌아도 1박이 부족할 거야. 밤에는 수많은 별로 가득한 곳이니 꼭 시간 내어 밤하늘을 보길 바라.

📍 강원 정선군 북평면 중봉길 9-12
📞 033-560-1111
✅ 홈페이지 예약
🔗 park-roche.com

📖 주변에 식당과 편의점이 없어서 리조트 안에서 모든 걸 해결해야 해. 주전부리나 필요한 용품은 미리 사 오는 걸 추천해.

**부모님 취향 저격
효도 선물**

스파1899

스파1899는 먹는 홍삼 정관장과 바르는 홍삼 동인비를
만들어낸 한국인삼공사가 운영하는 스파야. 매장 입구부터
럭셔리한 느낌이 가득한 곳으로 부모님께 재충전의 시간을
선물하기에 좋아. 페이스, 바디, 풋 원하는 부위별로 케어를
받을 수 있어. 가격은 케어에 따라 최소 150,000원부터
최대 350,000원까지 구성되어 있어. 케어는 웰컴티로
홍삼차를 맛본 후 홍삼액을 푼 따뜻한 물에 족욕을 하는
것으로 시작해. 그리고 관리 시 사용하는 홍삼 화장품의
은은한 향 덕분에 건강해진 듯 기분이 좋아진다고 해.
관리가 끝난 후에는 노곤해진 몸과 마음을 추스를 수 있도록
감말랭이와 대추말랭이 같은 간단한 다과를 제공하고
있어. 부모님 생신 때 모시고 갔는데 좋았다거나, 자녀가
예약해줘서 다녀왔는데 행복했다는 후기가 많아.

📍 서울 강남구 영동대로 416 케이티앤지
　서울사무소 B2층
☎ 0507-1424-8030

🕐 매일 10:00~22:00
✅ 홈페이지 예약
🔗 spa1899.co.kr

✦

**계절의 변화에 따른
보양식 코스**

기후

기후는 날씨와 기후 변화에 맞춰 우리 몸에 꼭 맞는 보양식을 제공하는 보양식 오마카세야. 습도가 높은 여름에는 체내에 불필요한 습기를 제거해주는 재료, 건조한 봄과 가을에는 폐의 기능을 보좌해주는 따뜻하고 단맛을 내는 재료, 추운 겨울에는 따뜻한 성질의 재료를 사용하는 등 계절마다 다른 식재료로 만든 보양 요리를 제공하고 있어. 그래서 이곳의 메뉴판은 계절별로 구성이 달라져. 또한 오마카세이기 때문에 한 끼에 다양한 보양식을 맛볼 수 있지. 기후에 따른 우리 몸에 꼭 맞는 보양식으로 부모님의 건강을 챙겨보자. 런치와 디너 가격은 모두 88,000원으로 동일해.

ⓘ

📍 서울 성동구 성수이로 66 1층 106호
　（서울숲드림타워）
☎ 02-466-7079

🕐 매일 12:00~21:30
✔ 네이버 예약
📷 kihoo_official

보양식의 정석 백숙 맛집

만항할매
닭집

보양식에 백숙이 빠질 수 없잖아? 만항할매닭집은 정선에서 유명한 황기로 만든 황기백숙과 닭볶음탕, 오리백숙을 파는 식당이야. 이곳의 대표 메뉴는 녹두오리백숙과 황기백숙. 녹두오리백숙은 오리 위에 푹 삶은 녹두가 한가득 올려져 나오는데, 녹두가 들어간 덕에 국물이 아주 진하고 구수해. 토종닭으로 만든 황기백숙 또한 닭이 전혀 질기지 않아 부드럽고, 국물에서 은은한 한약 향이 나서 마치 보약을 마시는 것 같다고 해. 마지막 코스는 모든 백숙에 제공되는 찰밥을 국물에 넣어 죽으로 마무리하는 거 알지? 메인 음식뿐만 아니라 10가지가 넘는 밑반찬도 하나같이 정갈하고 감칠맛이 돈다고 해. 어쩌면 강원도 정선으로 여행 올 때마다 부모님이 들르는 단골 맛집이 될지도 몰라.

📍 강원 정선군 고한읍 함백산로 1104
☎ 033-591-3136
🕐 화~금 09:00~21:00 / 월 휴무 /

토, 일 운영시간 미정
(방문 전 영업 여부 확인 필수)
✅ 전화 예약

**부모님 입맛에
꼭 맞는 디저트**

강정이
넘치는집

옛날 간식들이 인기인 요즘, 부모님과 우리 입맛 모두 사로잡을 수 있는 디저트 맛집을 소개할게. 바로 따뜻한 전통 음료와 다양한 한과 디저트를 맛볼 수 있는 강정이넘치는집이야. 이곳은 한과 셰프들이 전통 떡과 한과 디저트를 만드는 공방이자 카페야. 카페에 들어서면 오픈 주방을 통해 셰프들이 열심히 디저트를 만드는 모습이 보이고, 고소하고 달콤한 한과 향이 미각을 자극해. 이곳에 왔다면 9가지 한약재를 달여 만든 따끈한 쌍화차와 대추를 듬뿍 넣어 만든 진한 대추차를 맛보길 추천해. 온기가 식지 않도록 무거운 돌잔에 담겨 나오는데 비주얼과 맛 모두 부모님의 취향을 저격할 거야. 여기에 이북식인절미, 각종 견과류강정, 호두정과, 약과, 오란다 등 다양한 한과 디저트를 꼭 곁들여줘. 다양한 한과 디저트는 잘 포장되어 있어 선물하기에도 좋아.

ⓘ

📍 서울 강남구 학동로 435 1층
☎ 0507-1417-0447

🕐 월~금 07:00~22:00 /
　토, 일 09:00~22:00
🌐 gangjeonghouse.com

**실패 없는
퓨전 한식 디저트**

담장옆에
국화꽃CCOT
안녕
인사동점

서울 종로구 인사동의 복합문화공간인 안녕인사동에 있는 담장옆에국화꽃CCOT은 전통 디저트에 현대적 요소를 더한 한식 디저트 카페야. 이곳에 가면 서양의 구움과자에 견줄 만한 한국식 구움떡을 만날 수 있어. 떡을 살짝 구워내 겉은 바삭하고 속은 쫄깃한 찹쌀떡이 쭉 늘어나는 구움떡에 잼과 클로티드크림을 함께 얹어 먹으면 어디서도 맛보지 못할 이색 디저트 완성! 또 이곳은 대표가 직접 총괄해 만드는 팥이 유명해. 딸기, 감귤, 녹차 등 다양한 맛의 팥빙수가 준비되어 있는 데다 팥빙수에 대한 평이 좋으니 구움떡과 함께 팥빙수 한 그릇도 꼭 주문해줘.

📍 서울 종로구 인사동길 49 안녕인사동 2층
📞 0507-1437-2979

🕐 매일 11:00~21:00
🌐 damccot.com

일이
더 잘 되는 곳

사무실 밖 리프레시, 워케이션

'일하는 사람 = 직장인'이라는 공식이 깨진 지 오래야. 디지털 노마드, 1인 기업, 리모트 워커 등 일하는 형태가 다양해짐에 따라 일하는 공간도 다양해지고 있어. 일은 꼭 회사 사무실에서만 해야 한다는 고정관념이 점점 흐릿해지고 있잖아. 한번쯤 사무실이 아닌 새로운 곳에서 일해보면 어떨까? 코워킹 스페이스를 갖춘 워케이션 숙소와 일하기 좋은 공간을 소개할게. 새로운 환경에서 일하다 보면 영감과 아이디어가 떠오를지도 몰라. 만약 그렇지 않다 하더라도 적어도 기분 좋게 환기되어 일에 더 몰입할 수 있을 거라고 확신해. 숙소는 부담 없이 1박에 100,000원 내외인 곳으로 추려왔어. 그럼 내게 꼭 맞는 새로운 일터를 찾으러 가볼까?

제주의 휴양을
누리며 일하는

오피스제주
사계점

제주에서 휴양을 누리며 일까지 완벽하게 해내고 싶은 워커들을 위한 공간, 오피스O-Peace제주 사계점. 1층은 코워킹 스페이스, 2, 3층은 숙박을 위한 객실이야. 이곳은 공간 곳곳에서 일하는 사람들을 위한 세심함을 엿볼 수 있어. 우선 무인 체크인 시스템인 객실에 들어서면 잔잔한 음악이 반겨줘. 넉넉한 멀티탭과 침대 옆 휴대폰 거치대, 현관의 마스크 걸이 등을 갖춘 객실은 사소한 것까지 신경 썼다는 게 느껴져. 이제 코워킹 스페이스로 가보자. 이곳은 그날의 컨디션과 업무에 맞게 자리를 선택할 수 있도록 다양한 좌석이 준비되어 있어. 블라인드로 가려진 개인 부스, 화상 회의를 위한 방음 부스, 모니터가 있는 좌석, 탁 트인 자유 좌석 등 총 37개의 데스크를 자유롭게 이용 가능해. 일할 때 카페인과 당 충전은 필수잖아? 커피 바에서는 커피와 토스트를 무료로 제공해. 커피는 웬만한 카페보다 맛이 좋다는 평이야. 코워킹 스페이스는 1일권 15,000원이지만, 숙박객은 50% 할인해주고 있어. 또 휴무인 일요일과 공휴일에도 숙박객은 상시로 이용 가능해.

📍 제주 서귀포시 안덕면 향교로 214
☎ 070-4833-5954
🕐 코워킹 스페이스 월~토 09:00~21:00 /
   일 휴무
✅ 홈페이지 예약

🔗 o-peace.com
📋 연박 시 10,000원 할인 중 /
   반려견 동반 숙박 가능한 객실이 1개 있어서
   워케이션 기간 동안 사랑하는 반려견과
   떨어지지 않고 생활할 수 있어.

시원한 바다로
출근하는
더웨이브

답답한 사무실도 아닌, 편하지만 늘어지기 쉬운 집도 아닌 시원한 바다로 출근하자! 더웨이브는 솔숲이 아름다운 강릉 송정해변의 아비오호텔과 연계하여 워케이션을 운영하고 있어. 3성급 호텔이기 때문에 객실 컨디션은 걱정할 것이 없고, 기본적인 어메니티도 제공해. 호텔 1층에는 더웨이브 참여자만 사용할 수 있는 코워킹 스페이스인 히든 데스크가 있어. 모션 데스크, 노트북 거치대, 듀얼모니터를 제공하고 가림막이 마련되어 몰입이 필요한 업무도 문제없어. 자유로운 분위기를 원한다면 호텔 카페에서 일해도 좋아. 이곳의 히든카드는 바로 해변 오피스야. 해변을 오피스 삼아 일할 수 있도록 노트북 충전용 파워뱅크, 포켓와이파이, 캠핑용 책상과 의자, 담요가 포함된 리모트 워크 키트를 제공하고 있어. 언제든 해변에 앉아 바다를 바라보며 일할 수 있는 거지! 오션 뷰 요가, 선교장 오르간 연주 등 로컬 콘텐츠 투어 프로그램도 운영하고 있으니 퇴근 후 자유롭게 참여해봐. 이곳은 3박 4일 또는 4박 5일씩 예약을 받고 있으니 참고해.

📍 강원 강릉시 창해로 229
☎ 010-2081-8446

✅ 홈페이지 예약
🌐 thewave.co.kr

✦

**서울의 인프라를
포기할 수 없을 때**

로컬스티치
크리에이터
타운
을지로점

로컬스티치크리에이터타운 을지로점은 이름에서 알 수 있듯 크리에이터를 위한 코리빙 하우스야. 기본적으로 한 달 이상 장기로 임대하고 있지만, 1박 단위 숙박 예약도 받고 있어. 크리에이터를 위한 곳이어서인지 객실과 라운지가 꽤 감각적이야. 객실은 아담한 비즈니스호텔 정도의 사이즈이지만, 더블베드에 포근한 침구를 갖춰 잠자리가 아주 편안해. 또 넷플릭스와 연동된 TV가 있어 방 안에서 여유를 즐기기에 충분하지. 이곳의 하이라이트는 코워킹 스페이스인 18층 라운지야. 라운지에 들어서자마자 북쪽으로는 인왕산과 북악산 자락이, 남쪽으로는 남산 타워가 빼꼼 보이는 뷰에 감탄하고 말 거야. 또 높은 층에 있는 덕에 햇볕이 잘 들어 밝고 따스한 느낌이 좋아. 모던한 가구와 조명으로 채워진 감각적인 이 공간이라면 종일 머물고 싶어지지.

이곳은 지리적으로도 편리한 곳에 자리 잡고 있어. 을지로, 광장시장, 청계천 등이 인접해 있고, 4개의 호선이 지나는 지하철역이 있어 서울 어디든 쉽게 이동할 수 있거든. 서울의 다양한 인프라를 그대로 누리면서 일하고 싶다면 이곳을 추천할게. 아, 평일 아침에 무료로 제공되는 조식도 놓치지 말기!

📍 서울 중구 창경궁로 20
☎ 0507-1353-8603
✅ 네이버 예약
🌐 localstitch-creatortown.com

🛏 일회용품 사용을 줄이기 위해 칫솔, 치약, 일회용슬리퍼가 제공되지 않으니 따로 챙겨 가면 좋아.

더노벰버
라운지
하남풍산점

너무 조용하고 무거운 분위기보다 적당히 시끌벅적한 백색소음이 있는 카페에서 집중이 더 잘 되는 사람이 있을 거야. 그렇다면 더노벰버라운지 하남풍산점에서 일해보자. 더노벰버라운지는 전국에 지점이 있지만 특히 하남풍산점 2층이 일하기 좋은 분위기야. 테이블마다 스탠드가 놓여 있고, 멀티탭이 곳곳에 있어 충전을 걱정하지 않아도 돼. 그래서인지 이곳에서는 조용히 공부하거나 일하는 사람들이 대부분이야. 다 같이 몰입하는 분위기이기 때문에 덩달아 나도 집중하게 되지. 그리고 새벽에 가장 일이 잘 되는 올빼미족은 기뻐해! 이곳은 연중무휴 24시간 운영하거든. 밤새 일하다가 배고파져도 피자와 베이글 등 요기할 수 있는 메뉴가 있어서 편리해. 게다가 오래 머무는 사람들을 위해 추가 메뉴 주문 시 30% 할인을 해주고 있어. 이건 거의 뭐 카페에서 일하라고 등 떠밀어주는 수준 아니겠어?

경기 하남시 미사강변한강로 420
0507-1325-1620

매일 24시간 운영
thenovemberlounge.com/pungsan

✦

이곳에 다 담지 못한

워케이션 소개 계정들

노마드맵 ⓘ nomadmap_

노트북 사용 시 필수인 콘센트 위치와
작업하기 좋은 자리, 아쉬운 점 등을
상세하게 소개하고 있어. 그리고 소개하는 곳
주변 맛집과 스팟을 함께 알려줘 일을 마치고 가볼 만한
곳을 참고하기도 좋아. 소개한 장소들은 네이버 지도,
카카오맵, 구글맵에 북마크해 공유하고 있어.

러블리위크데이 ⓘ lovelyweekday.space

직접 다녀온 공간 중에서도 일하기 좋은 곳을 선별하여
소개하고 있어. 공간 외에도 워케이션 필수
아이템, 집중이 잘 되는 노동요 등 소소한
꿀팁도 전해줘. 이곳에서 직접 기획한
워케이션 프로그램도 종종 모집하니
관심있다면 팔로우하고 눈여겨봐.

워카이브 ⓘ workspace_archive

이 계정은 무엇보다 장소의 분위기를 잘 설명해주는 게
인상적이야. 어떤 장르 음악이 흐르는지, 대화 소리는
적당한지, 북적이는 편인지 등 직접 가보지 않으면
알 수 없는 요소라 아주 유용해. 소개한 장소는 네이버
지도로 북마크해 공유하고 있고, 인스타그램에서
'#워카이브_지역'으로 해시태그 검색도 가능해.

239

추억을
만들자멍

반려견과 함께 특별하고 행복한 시간

보호자에게 많은 것을 요구하지 않고
조건 없이 순수하게 사랑을 나눠주는 따뜻한
존재 반려견. 익숙한 동네 산책도 좋지만
하루 정도는 특별한 장소에서 특별한 추억을
쌓아보면 어떨까? 반려견과 보호자 모두
색다른 경험을 할 수 있는 공간을 소개할게.
이곳에서는 눈치 보지 않고 행복한 시간을
보낼 수 있을 거야. 성숙한 반려문화를 위해
펫 티켓은 꼭 지켜주자.

**반려견을 위한
파인다이닝**

펫다이닝
맘마

사랑하는 반려견에게 특별한 식사를 선물해주고
싶다면 파인 다이닝 콘셉트의 강아지 전문 레스토랑
펫다이닝맘마로 가보자. 이곳은 반려견을 위한 멋진
비주얼의 이색 코스 요리를 판매해. 수프와 스테이크,
와인, 푸딩으로 구성된 양식 코스와 삼색경단, 비빔밥과
닭발곰탕, 식혜로 마무리하는 한식 코스가 있어서 반려견의
취향에 따라 주문할 수 있어. 코스 가격이 부담스럽다면
단품 요리를 주문해도 좋아. 고기와 과일 토핑으로 이루어진
보울 메뉴를 비롯해 각종 수프, 맘푸치노와 같은 디저트
단품도 준비되어 있어. 편안한 강아지 전용 의자에 앉아
순서대로 나오는 코스 요리를 즐기는 반려견을 보면 흐뭇한
웃음이 나올지 몰라. 함께 온 보호자를 위해 커피 및 음료
메뉴와 크로플, 브라우니 같은 간단한 디저트 메뉴도
판매하니 함께 식사 시간을 가져봐도 좋을 거야.

- 📍 서울 송파구 중대로 312 1층
- ☎ 0507-1439-7951
- 🕐 수~월 10:00-21:00 / 화 휴무
- ✅ 코스 요리는 네이버로 사전 예약

- 📷 mamma_petdining
- 💻 코스 요리 밀키트를 온라인에서 판매하고
  있어서 특별한 날 집에서도 다이닝을 즐길 수
  있어.

견생샷 찰칵!

모코모코
스튜디오

어느 날 우리 댕댕이가 나만큼 커져서 같은 눈높이로
서로 바라보게 된다면? 이 상상을 현실로 만들어주는
곳이 있어. '자이언트 펫 콘셉트'로 촬영할 수 있는
모코모코스튜디오야. 이곳에서는 사람보다 몇 배
거대해진 반려동물과 함께 가족사진을 찍을 수 있는데
보기만 해도 웃음이 나올 만큼 재미있는 결과물을 만날 수
있어. 촬영 전에는 환경 변화에 예민한 반려동물을 위해
자유롭게 스튜디오를 돌아다니며 적응할 수 있는 시간을
제공해준다고 해. 세심한 배려가 묻어나는 이곳에서
반려동물과 함께 다정하고 특별한 사진을 간직해보자.
강아지뿐만 아니라 고양이, 거북이, 토끼, 고슴도치 등
다른 반려동물도 촬영 가능해.

📍 대전 서구 관저남로25번길 23-15 1층
☎ 042-544-9937
🕐 수~일 10:00~19:00 / 월, 화 휴무

✅ 네이버 지도에 있는 촬영신청서 사전 접수
📷 mocomoco.studio

숲에서 뛰어놀멍

강아지숲

'강아지가 말을 할 수 있다면 어떤 말을 하고 싶을까?'라는 생각에서 시작된 공간이 있어. 춘천에 있는 강아지숲이야. 강아지숲은 국내 최대 규모의 반려견 테마파크로 자연 속에서 강아지와 반려인이 함께 추억을 만들 수 있는 곳이야. 먼저 산책로에서 가볍게 산책을 해보자. 안전하게 야자 매트가 깔린 산책로 곳곳에는 노즈워크할 수 있는 장소가 마련되어 있어. 산책이 끝난 후에는 산책줄 없이 자유롭게 뛰어놀 수 있는 동산과 운동장에서 신나게 놀아보는 거야. 에너지를 분출한 다음엔 강아지숲 안에 있는 박물관에서 인간과 개의 관계에 대한 전시를 관람하고, 강아지 카페 '겨울'에서 사이좋게 티타임을 즐기며 하루를 마무리하는 거지. 봄에는 피크닉 세트를 무료로 대여해주고, 계절에 따라 다양한 체험 프로그램이 있으니 방문 전 공식 홈페이지와 인스타그램을 확인해보자.

📍 강원 춘천시 남산면 충효로 437
📞 033-913-1400

🕐 화~일 10:00~18:00 / 월 휴무
🌐 dforest.co.kr

멍비치

반려견과 함께 해수욕을 즐기며 모래사장에서 뛰어노는 상상, 한번쯤 해봤을 거야. 강원도 양양에 있는 국내 유일 반려견 전용 해수욕장 멍비치에서 그 꿈을 이뤄보면 어떨까? 여름에 약 45일만 반짝 운영하는 이곳은 해변의 절반인 150m를 반려견 전용 구역으로 차단해 일반 여행객 구역과 완전히 분리되어 있어. 오프리쉬라서 산책줄 없이 반려견과 자유롭게 해수욕을 즐길 수 있지. 튜브를 타고 출렁이는 파도를 즐기는 반려견과 모래에 파묻혀 찜질하는 반려견, 보호자와 함께 신나게 수영하는 반려견 등 각기 다르게 노는 모습을 구경하는 재미가 있을 거야.

잠깐 주목해줘! 개는 무조건 물을 좋아하고 수영을 좋아한다는 생각은 위험해. 사람도 모두 다른 것처럼 큰 파도 소리와 낯선 환경, 짠 소금물 등이 무서운 반려견이 있을 수 있어. 소중한 반려견이 긍정적인 기억을 남길 수 있도록 바다와 조금씩 친해지도록 도와주자.

📍 강원 양양군 현남면 광진리 78-20
✅ 네이버 또는 멍비치 앱으로 사전 예약

🌐 mungbeach.kr

힐링이 필요하멍

휴휴암

함께 도시 생활을 하고 있는 반려견과 보호자 모두에겐
마음의 휴식이 필요한 법. 쉬고 또 쉰다는 뜻을 가진 해안
사찰 휴휴암으로 평온한 나들이를 떠나보자. 이곳은
미워하는 마음, 어리석은 마음, 시기와 질투 등 팔만사천의
번뇌를 내려놓는 사찰이야. 반려견을 동반할 수 있고, 푸르고
넓은 동해 바다를 내려다볼 수 있어서 뷰가 좋아. 새소리와
파도 소리를 들으며 사찰 곳곳을 차분한 마음으로 둘러보다
보면 범종을 마주하게 될 거야. 이 범종은 현재 사찰 범종
중 가장 크며 국내 최초로 순금을 입힌 황금종이라고 해.
기도와 함께 종을 3번 쳐주면 복이 찾아온다는 이야기도
전해져. 절 밑으로 계단을 따라 내려가면 바로 양양 바다를
만날 수 있어. 동글동글하고 신기하게 생긴 바위를 구경하며
반려견과 함께 차가운 바다에 발을 살짝 담가봐도 좋아.
자연과 여백의 미가 있는 이곳에서 마음의 안정을 찾기를.

📍 강원 양양군 현남면 광진2길 3-16
☎ 033-671-0093

🕐 매일 09:00~18:00
🔗 huhuam.org

반려식물과
함께
살기

식집사들이 꼭 한번 가봐야 할 곳들

Plant

반려동물을 키우듯 일상에서 식물과
작은 교감을 나누고 정서적 위안을 얻는
사람들이 많아지면서 반려식물이라는
개념이 생겨났어. 가까이 있는 것만으로도
위로가 되는 반려식물과 함께하는 공간들을
소개할게. 처음 반려식물을 만나는 플랜트
숍부터 식물 책방, 식물 상담소,
한 번쯤 방문하게 되는 식물 호텔과
병원까지. 나에게 위로와 힐링을 주는 식물을
위한 장소를 방문해봐. 식집사에게 빛과
소금 같은 정보가 될지도.

조인폴리아

새로운 반려식물을 입양하기로 했다면 경기도 파주에 있는 조인폴리아로 떠나보자. 4,000평 규모의 식물원 겸 꽃 시장인 이곳에 가면 부담 없이 구매할 수 있는 저렴한 식물부터 억 단위가 넘는 고가의 식물까지 수많은 종류의 식물을 만날 수 있어. 걷다 보면 한 폭의 동양화같이 멋스러운 식물과 가볍게 도전하기 좋은 행잉플랜트, 보기만 해도 귀여운 다육이, 온라인에서만 보던 희귀식물이 반겨주지. 식물 사이사이에는 테이블과 의자가 마련되어 있으니 잠시 쉬어가도 좋아. 하우스 안쪽으로 들어가면 마치 밀림 속 같은 공간을 마주하게 돼. 이곳은 판매하지 않는 식물들로 이루어진 식물원으로, 입이 떡 벌어지는 대형 식물들이 즐비해. 곳곳에 놓인 그물침대에 누워 보기도 하며 자유롭게 감상해보자. 구경할 거리가 많은 이곳에서 마음에 맞는 반려식물을 입양해보기를 추천할게.

📍 경기 파주시 월롱면 황소바위길 304
📞 0507-1381-8456

🕐 매일 09:30~18:00
📷 joinfolia

반려식물 처방받기

슬로우
파마씨

느린 약국을 의미하는 슬로우파마씨는 바쁜 도시 생활에 지친 현대인에게 식물을 처방하며 새로운 라이프 스타일을 제안하는 공간이야. 이곳은 식물과 약국이라는 서로 다른 콘셉트를 조화시켜 기존 플랜트숍과 다른 매력을 지녔어. 차분한 색감으로 안온하게 꾸민 2층 쇼룸에 들어서면 하얀 약사 가운과 함께 삼각플라스크, 약상자, 비커 등 약국을 연상케하는 용기에 담긴 식물들을 만날 수 있어. 그뿐만 아니라 식물이 그려진 노트와 액자, 포스터, 퍼즐, 에코백 등 빈티지한 소품들도 구매할 수 있지. 여느 꽃집이나 식물원과는 다른 감성의 이곳에 가면 느릿느릿 여유롭게 구경하며, 나에게 잘 맞는 반려식물을 처방받아보길 바라.

📍 서울 성동구 아차산로11가길 26
📞 02-336-9967

🕐 화~금 13:30~18:30 / 토~월 휴무
🔗 slowpharmacy.com

248

건강한 식물 상담소

허밍그린

'나도 식집사가 처음이라…' 서툰 것도, 궁금한 점도 많은 우당탕탕 초보 식집사를 위한 공간 허밍그린을 소개할게. 식물을 처음 접하는 집사들이 겪는 어려움을 해소해주기 위해 만들어진 식물 상담소야. 짧게는 30분 길게는 1시간 동안 전문가와 충분히 대화를 나누며 식물 키우기에 대한 상담을 할 수 있어. 우리 집에서 잘 자랄 수 있는 식물 고르기, 환경에 맞는 흙 선택, 물 주기와 같은 기초적인 내용부터 아픈 식물을 위한 맞춤 상담 및 치료에 대한 도움도 받을 수 있지. 상담 비용은 식물당 10,000원으로 문을 두드려보기 부담 없는 가격이야. 식물을 오래오래 건강하게 키우고 싶은 집사라면 꼭 가보고 싶은 공간일 거야.

📍 서울 마포구 서강로 63 1층
☎ 0507-1305-8541
🕐 화~토 12:00~20:00 / 월, 일 휴무

✅ 식물 상담 희망 시 네이버 예약 필수
🌐 humminggreen.com

식물에게도 호텔을
가든어스

장기간 집을 비우게 되면 반려식물을 어디에 맡겨야 하지? 식물 집사들의 고민을 해결해주는 가든어스 플랜트호텔을 만나봐. 이곳에서는 호텔링이 필요한 식물들을 최대 2주간 보관 및 관리해주는 서비스를 무료로 운영하고 있어. 집을 비운 기간에도 식물이 건강하게 유지될 수 있도록 전문 가드너가 적절한 관리와 휴식을 제공하지. 선풍기와 가습기를 갖춘 실내, 식물마다 집사 이름과 식물 이름, 유의사항을 적은 메모에서 가든어스의 세심함이 느껴져. 그 외에도 더 이상 키우기 어려운 반려식물을 가져다주면 새로운 주인을 찾아주는 중고 순환 서비스, 종이 가방 20개를 가져가면 식물로 교환해주는 종이 순환 서비스 등이 있어. 그리고 가든어스에서 자체 제작한 토분과 다양한 플랜트 제품들을 팔고 있으니 함께 구경해도 즐거울 거야.

📍 경기 성남시 분당구 황새울로360번길 42
3층
☎ 0507-1398-2361

🕐 매일 11:00~20:00
📷 ge.plant_hotel

아이도
어른도
행복한

아이와 함께 주말을 보내기 좋은 키즈존

황금 같은 주말에 아이와 함께 어디든
나가보고 싶지만, 막상 어딜 가야 할지
잘 모르겠다면 이곳을 주목해줘. 자연 및
동물과 교감할 수 있는 공간, 시각과 청각이
발달할 수 있는 장소, 다양한 체험이 있는
공간 등 시간 순삭되는 곳들을 엄선해봤어.
아이들의 관심사와 취향의 지평을 넓힐 수
있는 곳에서 재미와 유익함을 모두 잡으며
특별한 추억을 만들어보자.

유익한 놀이가 가득한

서울
상상나라

인당 4,000원으로 즐겁고 유익한 시간을 보낼 수 있는 서울상상나라로 떠나보자. 이곳은 서울시가 어린이들이 놀이를 통해 체험하고 배우며 꿈을 키울 수 있도록 만든 공간으로 2주 전 홈페이지에서 사전 예약 후 입장 가능해. 지하 1층부터 3층까지 다채로운 테마와 알찬 전시들로 구성되어 있지. 우리를 둘러싼 세상의 소리 속으로 들어가 교감하는 '감성놀이'를 시작으로 내 몸으로 에너지를 만들며 에너지의 소중함을 배우는 '신체 상상놀이', 호기심을 자극하며 과학적 사고를 기르는 '과학놀이' 등 11개의 놀이 공간이 마련되어 있고, 2층에는 36개월 미만 영아를 위한 놀이 공간인 아기놀이터도 준비되어 있어. 점심을 따로 팔지 않지만 도시락을 먹을 수 있는 공간이 있으니 간단한 간식을 준비하길 추천해. 서울어린이대공원 내에 있어서 체험이 끝나고 공원에서 시간을 보내는 것도 좋을 거야.

📍 서울 광진구 능동로 216
☎ 02-6450-9500
🕐 화~일 10:00~18:00 / 월 휴무

✅ 홈페이지 예약
🌐 seoulchildrensmuseum.org

싱그러운 자연과 함께하는
배꽃길61

배 과수원을 품고 있는 농장 카페 배꽃길61은 엄마와 아빠, 아이 모두가 만족할 수 있는 공간이야. 근사한 배나무 사이의 테이블에서 엄마 아빠가 자연을 만끽하며 커피 한잔을 하는 동안, 아이는 맘껏 뛰어놀 수 있어. 4~5월에는 벚꽃 못지않은 배꽃 밭이 펼쳐져 싱그러운 자연을 만날 수 있고, 5월~9월은 아기 배를 입양하는 '배 봉지 싸기 체험'을 경험할 수 있어. 작은 아기 배에 노란 옷을 입혀주고 아이가 색칠한 네임택을 적어놓으면 10월에 배가 무르익었을 때 데려오는 체험이야. '배 따기 체험'만 따로 신청 가능하기도 해. 추운 겨울에는 마시멜로를 따끈하게 구워 먹으며 노는 '스모어바'와 멋진 케이크를 만들어보는 '케이크 디자이너 체험' 등 고즈넉한 풍경 속에서 즐길 수 있는 거리가 다양해. 배 농장답게 배꽃주스, 배꽃식혜 등 배로 만든 디저트를 즐길 수 있으니 맛있는 음료를 마시며 아이와 함께 행복한 시간을 보내보자.

📍 경기 안성시 대덕면 배꽃길 61
☎ 031-671-6161
🕐 화~일 10:30~19:00 / 월 휴무

✅ 각종 체험은 네이버 사전 예약
📷 baekkotgil61

시각적 요소가 풍부한

서울
아트책보고

아직 글을 못 읽는 아이와도, 책에 흥미를 붙이지 못한
아이와도 함께 가기 좋은 도서 공간을 소개할게. 국내 최초
아트북 전문 복합공간인 이곳에서는 아이들이 좋아하는
그림책은 물론 책 자체가 예술 작품이 되는 팝업북,
일러스트북 등 시각적 요소가 풍부한 책을 만날 수 있어.
오픈한 지 얼마 안 돼 쾌적하고 앉아서 책을 볼 수 있는
공간이 많아. 적당한 대화가 가능한 분위기라 아이와
가기에 부담 없는 점이 특징이야. 열람실에서 평소에 보기
힘들었던 신기한 아트북, 아이들이 읽을 수 있는 동화책
등을 자유롭게 열람하며 상상력을 키울 수 있어. 재미있는
책들이 많아서 아이뿐만 아니라 어른도 시간 가는 줄 모르고
푹 빠질지도 몰라. 열람실 반대편에는 11개의 아트북 전문
서점이 입점해 있는데 여기서 원하는 책을 구매할 수 있고,
옆에 있는 북 카페에서 간단히 커피와 음료, 간식을 즐길
수도 있어. 시각을 즐겁게 하는 작품이 있는 도서관에서
아이와 함께 새로운 영감을 찾을 수 있을 거야.

📍 서울 구로구 경인로 430 고척스카이돔
　지하1층
📞 0507-1308-4830

🕐 화~금 11:00~20:00 /
　토, 일 10:00~20:00 / 월 휴무
🔗 artbookbogo.kr/seoul/index.do

자연과 쉼이 있는

왕궁
포레스트

도시에서 매일의 일상을 보내는 아이와 함께 자연의
건강한 기운을 채울 수 있는 왕궁포레스트로 떠나보자.
1,300평대의 아열대 식물원과 놀이터, 카페가 한곳에
모인 이곳은 소정의 입장료를 내고 들어가면 초록초록한
나무로 이루어진 식물원이 반겨줘. 제주에서 볼 법한 아열대
식물들과 포토존이 많아 아이의 인생 사진을 얻을 수 있지.
바로 옆 카페에서는 커피와 음료를 즐길 수 있고 카페 2층
갤러리에서는 가볍게 전시를 둘러볼 수 있어. 카페와 식물원
사이에는 아이들이 신나게 놀 수 있는 숲 놀이터 공간이 있어.
이곳에서는 부엌 놀이, 낚시 놀이 같은 다양한 놀잇감들과
아이들이 좋아하는 각종 탈 것들, 미니 미끄럼틀 등이 있어서
영유아부터 유치원생까지 즐기기 좋아. 온실 공간이기
때문에 추운 계절에도 따뜻하게 시간을 보낼 수 있을 거야.
근처에 있는 다이노키즈월드와 익산보석박물관도 아이와
가기 좋으니 함께 둘러보길 추천할게.

ⓘ

📍 전북 익산시 왕궁면 호반로 71　　　🕐 화~일 10:00~18:30 / 월 휴무
📞 063-834-5000　　　　　　　　　　🌐 forrestwanggung.imweb.me

**엄마도 아이도
좋아하는 곳**

어린이
창의 교육관

인공지능과 가상현실, 증강현실과 관련된 다양한
체험활동을 할 수 있는 곳을 소개할게. 오전, 오후 각 200명
이내로 입장을 제한하는 이곳은 홈페이지에서 사전 예약 후
방문 가능해. 총 7개의 전시장과 79종의 전시체험장으로
이뤄져 다채로운 경험을 할 수 있어. 1층은 유아와 초등학교
저학년을 위한 놀이터와 생각관, 자연관, 3D 입체 영화
소극장이 있어. 이곳에서는 그림자 모래 놀이와 거울 미로,
미니 수족관 등 아이들이 호기심과 재미를 느낄 만한 요소가
많아. 2층에는 초등학교 고학년 어린이를 위한 우주관,
과학관, VR 스포츠 체험관 등이 있어. 로봇을 조종해 축구
게임을 하거나 뇌파로 자동차를 움직이는 등 신기한 경험이
가득한 공간이지. 또한 영화 포스터 속 주인공이 되어 인증
사진을 남길 수도 있어. 시간 가는 줄 모르게 보고 들으며
다양한 감각을 체험하는 공간이라 정말 알찬 하루가 될
거야.

ⓘ ....

📍 부산 부산진구 성지곡로33번길 29-28
📞 051-810-8800
🕐 화~일 09:30~16:30 / 월 휴무
✅ 홈페이지 예약

🌐 home.pen.go.kr/childpia
🖥 창의교육관 프로그램은 시간별로 예약 인원
제한이 있으므로 입장 후 바로 체험 활동을
예약할 것!

웰컴,
외국인
친구

외국인 친구에게 한국을 인상적으로 알리는 법

Foreign
Friend

외국인 친구가 한국에 놀러 오면,
함께 어딜 가야 할까? 한국의 매력을
보여주고는 싶고 유명한 장소들은 내가 굳이
알려주지 않아도 다 알 것 같아서 고민될 때,
이 내용을 펼쳐봐. 실제로 외국인 친구가
한국에 방문했을 때 좋아했다는 후기가 많은
곳들을 포함해서 우리나라의 매력을 가득
담고 있는 장소들을 알려줄게.
이 리스트와 함께라면 센스 있는 가이드로
거듭날 수 있을 거야.

근대 역사 속으로

덕수궁
석조전
대한제국
역사관

석조전은 근대화를 꿈꾸었던 고종이 서양 문물을 받아들여 건축한 대한제국의 대표적 서양식 건물이야. 높은 계단과 웅장한 기둥에서도 느껴지듯, 그리스·로마 시대의 건축 양식으로 지어졌다고 해. 외부 풍경 못지않게 내부 모습도 이색적인데 화려한 로비홀, 황금빛 침실 등 황제와 황후가 생활하던 공간을 만날 수 있어. 이곳에 간다면 무료 해설을 신청해봐. 영어 해설은 11:50, 14:50 2차례로 최대 20명 정원으로 진행되며, 석조전 대한제국역사관 안내데스크에서 선착순으로 현장 예약을 받고 있어. 석조전 구석구석 숨겨진 의미를 들으며 시간여행을 마치고 나면 한국 역사의 매력에 푹 빠질지도 몰라.

📍 서울 중구 세종대로 99
📞 02-751-0753
🕐 화~일 09:30~16:30 / 월 휴무
✅ 홈페이지 예약

🔗 deoksugung.go.kr
📖 영어 해설 투어에는 외국인 동반자 1명당 최대 2명의 내국인만 신청할 수 있어.

우리나라에서
가장 아름다운 정원

창덕궁
후원

창덕궁 후원은 반드시 해설 예약을 해야 방문할 수 있고, 후원 입구가 창덕궁 정문에서 10분 정도 들어간 곳에 있어서 막상 한국인조차도 방문해보지 않았을 가능성이 커. 숨겨진 보물같은 장소라고 할 수 있지. 이곳은 사계절 모두 아름답지만, 특히 가을에 간다면 곳곳에서 감탄하는 친구를 발견하게 될 거야. 단풍과 궁의 조합은 실패할 일이 없으니 말이야. 그 모습을 보는 나의 뿌듯함은 덤! 해설 예약은 방문일을 제외하고 6일 전 오전 10시부터 선착순 예매로 진행돼. 한국어, 영어, 일본어 등 각기 다른 투어 시간 중 한국어 해설 시간은 예약하기가 매우 어렵지만, 외국어 해설 시간은 비교적 여유로우니 걱정 마. 해설사의 센스 있고 쉬운 설명과 재미있는 퀴즈로 즐거운 시간을 보냈다는 후기가 많아. 사진 찍을 자유시간도 충분히 준다고 하니, 즐거운 추억을 가득 남겨보자.

📍 서울 종로구 율곡로 99
📞 02-3668-2300
🕐 10:00~ 마감 시간은 계절에 따라 변경 /
   월 휴무
✅ 홈페이지 예약
🌐 cdg.go.kr

🎫 후원이 아닌 전각(본관)에 입장하려면 티켓을 따로 구매해야 해. 후원 예매 시 함께 구매하는 것을 추천해. 잔여 인터넷 예매분은 현장 판매표로 전환되어 관람 당일 매표소에서 구매할 수 있어.

수원화성

수원화성 일대는 이제 우리에겐 유명한 핫플레이스이지만
외국인에게는 아직 낯선 곳인듯 해. 천천히 걸으며
산책하기도 좋고, 주변에 한옥으로 된 식당과 카페가
가득해서 하루 날 잡고 방문해도 만족스러운 곳이야.
수원에 가면 수원화성 일대를 구경하며 도장을 모으는
재미도 느낄 수 있는 스탬프 투어를 추천해. 제1경인
화성행궁부터 10경인 남수문까지 배치된 스탬프를 찍다
보면 수원화성 곳곳의 매력을 알게 될 거야. 멋진 궁의 모습,
돌담 성곽길, 높은 곳에서 내려다보이는 전경, 고즈넉한
연못이 있는 방화수류정 등 아름다운 풍경들을 모두 눈에
담을 수 있어.
스탬프북은 수원화성 내 관광안내소 내에 비치되어 있고,
스탬프 일러스트의 퀄리티가 높아서 책자의 소장가치
또한 충분해. 스탬프를 모두 찍고 화서문 관광안내소에
가면 기념품도 받을 수 있어. 날이 좋다면 방화수류정의
핫플레이스인 용연에서 피크닉을 즐겨봐. 한국적인 풍경과
함께하는 색다른 휴식이 될 거야.

📍 경기 수원시 장안구 영화동 320-2
☎ 031-290-3600
🕘 매일 09:00~18:00 /
　　관람시간 이후 무료 관람 가능

📶 swcf.or.kr
📖 외국어 문화관광해설 프로그램을 운영하고
　　있어. 홈페이지에서 예약 가능해.

제철 한국 밥상을 맛보고 싶다면

디히랑

'디히'는 김치의 순우리말이야. 디히랑에서 담근 특별한 김치를 7가지 제철 요리와 함께 즐길 수 있는 한식한상이 이곳의 메뉴야. 모든 식당에서 김치는 기본 반찬이지만, 정말 맛있는 김치를 만나기는 어렵잖아. 외국 친구가 김치의 깊은 맛을 느끼게 해주고 싶다면 디히랑으로 가봐. 제철 재료를 사용하기 때문에 매달 코스 구성이 조금씩 바뀌어. 메인 메뉴는 모둠전, 해물, 육류, 계절 요리 등으로 구성된다고 해. 음식이 정갈하고, 재료가 신선해서 재방문율이 높은 곳이야. 음식과 함께 술 주문이 필수인데, 전통주 소믈리에인 사장님이 요리에 어울리는 전통주를 추천해주니 전통주에 대해 잘 몰라도 맛있는 조합으로 즐길 수 있어. 코스의 가격은 1인 50,000원으로 한국 본연의 맛과 훌륭한 김치, 전통주까지 모두 갖춘 맛집이야.

📍 서울 강남구 언주로121길 4-3 1층
☎ 0507-1406-7284

🕐 월~금 17:30~23:00 / 토 16:00~22:00 / 일 휴무
📷 dihirang

문화재와 함께 티타임

향인정

박물관에서나 볼 수 있는 국보급 예술품을 눈앞에 두고서
티타임을 즐길 수 있는 곳이 있다면? 부산의 향인정에서는
가능한 이야기! 향인정은 갤러리인 해성아트베이 내에
있는 카페야. 내부로 들어가면 약 50점의 문화재와
작품들이 곳곳에 전시되어 있어. VIP룸의 테이블 위에는
영롱한 달항아리가, 벽면에는 궁궐 어좌 뒤에 있던 그림
일월오봉도가 펼쳐져 있어. 창밖으로 광안대교가 보이는
뷰는 덤! 마치 전시장 안에서 차를 마시는 것 같은 이색적인
느낌을 받을 수 있지. 차를 주문하면 다기와 함께 전통
문양의 찻잔에 제공돼. 간식 메뉴는 조청가래떡구이,
전통다과 등이 준비되어 있어서 우리나라 차 문화를
체험하기에 딱이야. VIP룸은 100% 예약제로, 3인 이상부터
예약 가능해. 2인이라면 1인 1티코스 메뉴를 주문해야 해.

📍 부산 남구 분포로 101 해성아트베이 2층　　✅ 네이버 예약
☎ 070-4123-1059　　　　　　　　　　　　　🔗 hsartbay.com
🕐 매일 10:30~20:00

자개장 속의 칵테일 바
숙희

한국적인 인테리어가 단번에 눈길을 사로잡는 숙희.
외국인 친구와 함께 방문한다면 들어서는 순간부터 감탄을
자아내게 될 거야. 내부가 경복궁의 근정전 콘셉트로
꾸며졌어. 임금이 앉는 자리, 주변을 장식하고 있는 자개장,
전통 화풍으로 그려진 그림들은 술을 맛보기도 전에
이미 눈을 만족시켜줘. 숙희의 시그니처는 청송햇사과,
영암무화과 등 제철 과일을 이용한 칵테일이야. 이외에도
손님의 취향을 참고해 맞춤 칵테일을 만들어주기도 해. 눈과
입 모두 즐거운 경험이 될 거야.

📍 서울 중구 퇴계로44길 3 1층
☎ 0507-1320-7950
🕐 매일 18:30~02:00
✅ 캐치 테이블 예약 / 오픈 시간부터
　 1시간까지의 예약만 받고, 이후의 시간은
　 워크인 손님만 받고 있어.

📷 soowonopa_sookhee
🗨 웨이팅이 매우 긴 편이니, 꼭 예약을 하고
　 방문하길 추천해. 예약에 실패했다면,
　 웨이팅을 걸고 다른 장소에서 시간을 보낼
　 계획을 하는 것이 좋겠어.

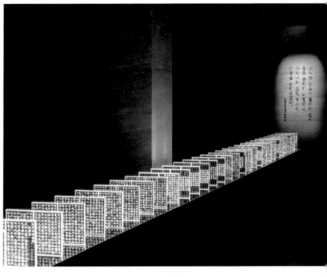

한글에 대한 모든 것

국립한글
박물관

한국의 위상이 높아지면서 한글에 대한 관심이 높아지고,
한글을 배우는 외국인도 늘어나고 있어. 한글 탄생의
특별한 스토리를 외국인 친구와 함께 나눌 수 있는
국립한글박물관을 소개할게.
이곳에서는 2022년 1월부터 한글을 더 쉽게 알릴 수
있는 '훈민정음, 천년의 문자 계획' 전시가 진행중이야.
전시장은 『훈민정음』 머리말의 문장에 따라 7개의 공간으로
구성되는데, 7개의 스토리 라인을 따라가면 한글의
창조부터 쓰임까지 한글 탄생의 전 과정을 알 수 있어.
단순한 자료의 나열이 아니라, 다양한 미디어를 활용해
풍부한 볼거리로 한글을 즐길 수 있도록 만들었어. 체험존도
많아 지루할 틈이 없고 재밌다는 호평이 자자해. 외국인
친구뿐만 아니라 나 또한 한글에 대해 깊이 알게 되는 전시가
될 거야.

📍 서울 용산구 서빙고로 139
☎ 02-2124-6200

🕐 월~금, 일 10:00~18:00 /
   토 10:00~21:00
🌐 hangeul.go.kr

**다양한 전통주를
맛볼 수 있는**

전통주
갤러리

전통주갤러리는 한국 전통주의 문화적 가치를 널리 알리기
위해 운영되는 곳이야. 매달 새로운 주제로 이달의 시음주
5종을 선정해서 무료 시음 체험 프로그램을 운영하고
있어. 한국어와 외국어 프로그램으로 나뉘어 있고, 외국어
프로그램에는 내국인이 팀당 1인만 참석 가능해.
시음회에서는 전통주 소믈리에가 5가지의 술에 대해
상세하게 설명해주고, 맛을 구별할 수 있는 기준도
알려준다고 해. 전통주갤러리 내에는 다양한 전통주들이
진열되어 있는데, 병의 디자인이 매력적이어서 구경하는
재미에 푹 빠질 거야. 몇 가지 전통주는 비교적 저렴한
가격에 판매도 하고 있어.

📍 서울 종로구 북촌로 18 1층
☎ 02-555-2283~4
🕐 화~일 10:00~19:00 / 월 휴무
✅ 네이버 예약
🔗 thesool.com

📋 상시 프로그램은 아니지만, 전통주를 직접
만들어볼 수 있는 우리 술 빚기 체험도
운영하고 있어. 홈페이지에서 운영 여부를
확인해봐.

여행을 나만의 것으로 만드는 기록법

지난 여행을 어떻게 기록하고 있어? 사진을 찍거나 일기를 쓰기도 하지만 여행의 즐겁고 소중했던 기억은 시간이 지날수록 점점 흐릿해지기 마련이야. 잊혀지는 추억이 아쉽다면 재미있고 특별한 방법으로 기록을 남겨보자. 그 과정까지도 여행의 일부가 되어, 오랜 뒤에 꺼내보아도 추억이 생생히 되살아날 거야.

✦ 쓱쓱 긁어 기록하는 스크래치 포스터

한국 관광 100선 스크래치 맵

벽에 포스터를 붙여놓고 다녀온 곳만 쓱쓱 긁으면 알록달록 색깔 여행지가 나타나. 색이 점점 입혀질수록 뿌듯함은 덤! 따로 기록하지 않아도 다녀온 추억을 떠올릴 수 있어. 한국 관광공사가 추천하는 여행지만 쓱쓱 골라 모아놨으니, 어디로 떠날지 고민될 때도 이 지도를 보고 여행지를 골라봐.

🌐 aidenmapstore.com/products/5860870606

국내 축제 버킷리스트 24

우리나라에 재미있는 축제들이 정말 많은 거 알아? 이 포스터는 안산 딸기 축제, 제주 곶자왈 반딧불이 축제 등 전국 방방곡곡에서 열리는 24개의 축제를 감성적인 일러스트로 표현했어. 1월부터 12월까지 소개된 축제를 골라서 방문해보자. 그날의 추억을 한 장의 그림으로 기억할 수 있을 거야.

🌐 mirrorinmirror.me/23/?idx=43

오르머 제주 100대 오름

오름을 사랑하는 브랜드, 오르머에서 만든 제주 100대 오름 지도는 우리가 잘 알지 못했던 오름들을 알려주고 있어. 사람들이 유명한 오름만 방문하는 것을 보고 경치 좋고 색다른 매력을 가진 오름이 이렇게나 많다는 것을 알리고 싶었다고 해. 각 오름마다 가기 좋은 날씨와 오름의 특징도 설명해주고 있어.

🌐 smartstore.naver.com/oreumerjeju/products/5988471999

✦ 서툴지만 그림 그리기 도전, 여행 드로잉

그림은 여행의 장면을 기억하는 좋은 방법이야. 풍경과 대상에
집중하며 자세하게 관찰해야 하기 때문이지. 그림을 그리다
보면 당시 나의 감정과 기분이 모두 담기게 돼. 그야말로 순간을
저장하는 방법이랄까? 여행 중 오래도록 남기고 싶은 장면을
발견한다면 자리를 잡고 손바닥만 한 스케치북이나 태블릿
PC를 꺼내봐. 그 순간의 모든 것이 그림에 저장될 거야.
그림에 자신이 없어 시도조차 망설여진다면, 스킬을 배우는
것이 큰 도움이 돼. 초보도 쉽게 그릴 수 있도록 알려주는
여행드로잉 작가 핀든아트의 클래스 101 강의를 추천할게.
인스타그램(@ finden_art)에 들어가면 다양한 여행지를 그린
작품들을 볼 수 있어. 아이패드로 여행을 기록하고 싶다면,
아이패드를 이용한 드로잉 방법을 차근차근 알려주는 도서
《퇴근 후, 아이패드 여행 드로잉》을 참고해봐.

✦ 그때그때 쉽게 기록 가능한 여행 앱

테이스티 Tastee

내가 경험한 전시, 영화, 공연 등의 문화생활을
기록할 수 있는 앱이야. 카테고리가 이미지로
분류되어 보기 편리하고, 사진과 함께 리뷰를 남길 수
있어. 다양한 콘텐츠를 경험한 후에 느꼈던 감정과
감상이 잊히지 않도록, 나만의 아카이빙 보관소를
만들어보자.
🌐 apps.apple.com/kr/app/tastee/id1551472600

니아트 NEART

다녀온 전시에 대한 감상을 자세히 기록할 수 있는 앱이야.
사소한 감상까지도 기록해두었다가 나중에 꺼내보면 소중한
추억이 될 거야. 매일 업데이트 되는 전시 정보 및 아트 칼럼도
제공되어 깊이 있는 지식을 쌓을 수 있어.
🌐 play.google.com/store/apps/details?id=com.neart.
deulued

Chapter 5

새로운 발견을
하고 싶어

먹은 동네 탐방

숨겨진
매력이
오밀조밀

단골손님들이 많은, 서울 염창역 일대

서울 염창역 일대는 서울에서 유명한
동네만큼 규모가 크지는 않지만,
오밀조밀하게 밀도 높은 공간들이 모여 있는
매력적인 동네야. 핫플레이스는 없더라도
주민들의 행복을 책임지는 단골손님으로
가득 찬 동네 맛집과 카페들이 있어.
작지만 그 덕분에 누구나 쉽게 오를 수 있는
증미산과 용왕산에서 잘 닦인 산책로를 따라
걷다 보면 정상에서 한강을 마주할 수 있지.
또 한강으로 이어지는 안양천에서 봄에
벚꽃을 보며 피크닉을 즐길 수 있는 등 소소한
놀거리와 행복이 가득한 동네야. 내가 이곳
주민이라면 일상이 즐거움으로
가득했을 것 같아.

콘텐츠 도움 : 주말뱅이 구독자 거니 쨍쨍 님

**아담하지만 단골로 가득
채우는**

비스트로 윰은 아담한 공간에서 스튜, 파스타, 스테이크 등 양식 스타일 식사에 가볍게 술 한잔 곁들일 수 있는 곳이야. 매장은 작지만 두 번 이상 방문한 단골손님으로 매번 가득 차 있어. 고정 메뉴와 함께 그날그날 달라지는 '오늘의 파스타'가 있는데, 크랩비스큐파스타, 단호박크림뇨끼 등 또 다른 매력을 가진 파스타에 도전해보길 추천해. 오늘의 파스타는 인스타그램에서 공지하고 있으니 미리 확인해도 좋아. 시그니처 메뉴인 부야베스와 라따뚜이는 파스타면이나 밥을 추가해서 먹을 수 있어. 또 겨울 한정 메뉴인 굴튀김은 계절 메뉴인 게 아쉬울 정도로 그 맛이 감동적이라는 후기가 아주 많아. 아담하지만 음식의 맛은 아담하지 않은 이곳에서 만족스러운 식사를 할 수 있을 거야.

ⓘ ··

📍 서울 양천구 목동중앙북로 83-1 101호
☎ 0507-1347-9501

🕐 화, 수, 목 17:00~24:00 / 금, 토 17:00~01:00 / 월, 일 휴무
📷 bistro_yum_

✦

**서울에서 맛보는
제주 고기**

강모집

고기가 먹고 싶은 날에는 강모집을 추천해. 제주도에서
고기를 공수해오고, 강원도산 참숯을 사용하는 곳이야.
목살과 삼겹살에 껍데기가 붙어 있는 껍삼겹살이 이곳의
대표 메뉴야. 두툼한 고기의 육즙이 새어 나가지 않도록
직원이 구워주니 편하게 먹을 수 있어. 고기가 맛있게
익었다면 이제 맛있게 먹을 차례! 핑크소금에 찍어 먹기,
상큼한 유자소스양파채에 곁들여 먹기, 장아찌와 함께 먹기
등 고기를 먹는 방법이 8가지나 돼. 그만큼 같이 나오는
소스와 밑반찬도 하나하나 정성이 가득 들어갔어. 고기가
만족스러웠다면 돼지꼬리에도 도전해봐. 돼지껍데기와
비슷하지만 더 쫄깃하고 꼬독하게 씹히는 식감이 좋다고 해.

ⓘ ─────────────────────────────────

📍 서울 양천구 목동중앙본로 107
　대명이튼캐슬 A동 101호
☎ 0507-1332-7904
🕐 화, 수, 목, 금 17:00~23:00 / 토, 일
　15:00~23:00 / 월 휴무

🈺 웨이팅이 항상 있는 편이야. 웨이팅이 싫다면
네이버 예약에서 화~금엔 5시, 5시 30분,
토~일엔 3시, 3시 30분 오픈 시간대에 예약
가능해.

272

추억의 포차 맛

우짜우
우동짜장

드라마에서 종종 나오는 포차 우동 맛이 궁금하다면,
또는 그 추억의 맛을 다시 한번 느끼고 싶다면 우짜우로
가보자. 이곳은 작은 트럭 포차로 장사하던 시절부터 작은
가게로 이전한 지금까지 이 지역 주민들의 귀갓길 간단한
요기와 야식을 책임지고 있어. 메인 메뉴는 우동과 짜장면
2가지인데, 모두 4,500원으로 저렴한 편이야. 야식이
당기는 어느 날 새벽, 이곳에 간다면 친절한 주인아저씨가
웃으며 반겨주실 거야. 우동에 달걀 추가, 쑥갓 많이,
고춧가루 팍팍! 이 조합을 추천해.

ⓘ ··

📍 서울 양천구 목동중앙북로 72　　　　🕐 매일 16:00~03:00 / 매달 둘째 일 휴무 /
　　　　　　　　　　　　　　　　　　　　　7, 8월 하절기 매주 일 휴무

✦

**뷰가 멋있는
브런치집**

포코아

건물로 가득한 서울에서 숲 뷰를 즐기고 싶다면 브런치 카페 포코아에 가봐. 용왕산 입구의 주택을 개조해서 만든 이곳은 카페 안 통창으로 푸릇한 나무들이 줄 서 있는 모습을 볼 수 있어. 샌드위치, 프렌치토스트, 김치볶음밥, 떡볶이 등 다양한 브런치 메뉴를 판매하는데, 어느 것을 시켜도 실패 없으니 원하는 메뉴로 골라보자. 커피도 맛있지만 특히 청포도에이드가 맛있기로 유명해. 이곳에서 브런치와 함께 여유를 즐기고, 바로 옆 용왕산 산책로를 따라 거닐면 꽤 만족스러운 하루를 보낼 수 있을 거야.

ⓘ ···

📍 서울 양천구 목동중앙북로24길 23-13
1~2층
☎ 0507-1375-1833

🕐 매일 10:00~21:00
🔗 focoa.co.kr

다양한 디저트를 자랑하는

타조메롱

브런치는 너무 무겁고 달콤한 디저트와 커피를 즐기고 싶다면 타조메롱 카페를 추천해. 예전에 <구해줘 홈즈>에서 잠깐 소개된 적 있는 이곳은 입구에 귀엽고 장난스럽게 메롱하고 있는 타조의 얼굴이 반겨줘. 브라운치즈크로플, 잠봉샌드위치, 치즈수플레, 티라미수 등 디저트가 다양해서 달달한 걸 좋아하는 사람은 선택지가 넓어 더없이 좋을 거야. 음료 또한 커피부터 에이드, 스무디, 차까지 다양하게 있는데, 시즌별로 새로운 메뉴가 등장하기도 하니 이걸 먹어보는 것도 좋겠어. 인근에 교회가 있어 일요일 오전에는 혼잡한 편이야. 평일과 토요일에 방문하는 걸 추천할게.

ⓘ ··

📍 서울 양천구 목동중앙북로24길 12 1층
☎ 0507-1427-2032

🕐 화~토 10:30~21:00 /
　 일 09:00~21:00 / 월 휴무
📷 tajomerong

**다 맛있어서
고르기 어려운 빵집**

블루밀

염창역 근처에 온다면 꼭 들려야 하는 빵집이 있어. 바로 블루밀이야. 가격이 착한 편은 아니지만 빵 맛이 가격을 상쇄할 만큼 맛있어서 동네 단골손님이 많아. 식빵, 치아바타처럼 담백한 빵, 크림치즈먹물빵, 스콘 같은 디저트빵, 육쪽마늘빵 같은 식사빵 등 종류를 가릴 것 없이 모든 빵이 맛있다는 후기로 가득해. 우열을 가릴 수 없는 탓에 '어떤 빵이 대표 메뉴다!'라고 단언할 수 없지만, 그럼에도 골라보자면 가장 인기 많은 건 소금빵이야. 겉은 바삭하고 속은 쫄깃한 소금빵은 아침이 아니면 동나서 구매할 수조차 없어. 다른 빵도 마찬가지로 너무 늦은 시간에 방문하면 품절인 게 많으니 이른 시간에 방문하는 걸 추천해.

ⓘ

📍 서울 양천구 목동중앙본로 106 1층
☎ 0507-1434-4567

🕙 월~토 10:00~22:00 / 일 휴무
📷 _bluemeel

지금
가장 힙한
골목

요즘 떠오르는 개성 가득한 곳, 서로 금호동

Geumho

도무지 뭐가 없을 것만 같은 금호동의 골목.
역에서 내려 도보로 10분 이상 걸어가야
나오는 이 동네에 각자의 존재감을 뽐내는
작은 가게들이 하나둘 생겨나고 있어.
을지로만큼 힙하고 매력적인 곳이
정말 많아서 '여기, 나만 몰랐던 거
아니야?'라는 생각이 들지도 몰라.
'금리단길'이 될 날이 멀지 않은 듯한 곳.
금호동의 매력에 빠져보자.

콘텐츠 도움 : 주말랭이 구독자 아라온드 랭랭 님

✦

크로플 열풍의 원조

아우프글렛
금호점

크로플 열풍을 이끌었던 아우프글렛. 활성화되지 않은
한적한 골목 한쪽에 눈에 띄게 힙한 가게를 발견했다면
잘 찾아왔어. 깔끔한 외관의 문을 열고 들어가면 온통
블랙으로 꾸며진 내부 공간이 나타나. 인테리어부터 직원의
유니폼까지, 모두 블랙으로 통일되어 깔끔하고 군더더기
없는 아우프글렛의 이미지를 느낄 수 있어. 유명한 만큼
기대감을 충족하는 겉바속촉 크로플은 당연히 주문해야겠지?
크로플 위에 올려진 쫀득한 아이스크림이 신의 한 수야.
크로플 못지않게 풍미 있는 커피 메뉴들도 추천할게.

ⓘ

📍 서울 성동구 독서당로51길 7 1층   🕐 매일 12:00~21:00
☎ 0507-1308-4538   📷 aufglet

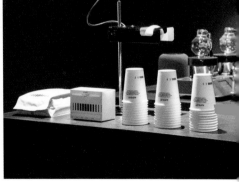

나에게 딱 맞는
그림책을 추천하는

카모메
그림책방

신금호역에서 2~3분만 걸어가면 어른을 위한 그림책이
있는 카모메 그림책방을 만날 수 있어. 많은 메시지를 담고
있는, 어른을 위한 책을 읽다가 우연한 기회에 그림책을
넘겨보면, 잊고 있었거나 지금 나에게 필요한 메시지를 얻는
경우가 있어. 카모메 그림책방의 주인도 감성과 경험이 더욱
풍부한 어른이 그림책을 읽는다면 다른 차원의 울림을 받을
수 있을 것이라고 얘기해. 이곳의 특별한 매력은 여기에서
끝나지 않아. 타로카드를 통해서 나에게 필요한 그림책을
추천받을 수 있는 '그림책 톡'이라는 프로그램이 있거든.
세심한 질문에 위로받고, 긍정적인 기운에 따뜻해졌다는
좋은 후기가 많아. 지금 마음속에 풀리지 않는 질문을
가지고 있다면 이곳에서 지혜를 얻어봐.

ⓘ

📍 서울 성동구 무수막길 84
📞 010-6510-5065
🕐 화~토 11:00~18:00 / 일, 월 휴무

✅ 전화, 문자 예약
📷 kamomebookstore

**홍콩의
어느 계단 아래 숨은 바**

소울보이

주택가 계단을 마주 보고 있는 소울보이는 옛날 홍콩 영화의
한 장면에 등장할 것 같은 분위기의 주점이야. 내부에는
일반 좌석과 바 좌석이 있는데, 바 좌석에 앉으면 계단을
올려다보고 술을 마시게 된다는 점이 재밌어. '음악을 마시며
우울함이 사라지는 공간'이라는 소개 문구답게 분위기와 잘
어울리는 음악이 우리를 한층 더 신나게 만들어 줄 거야.
메뉴는 식사보다는 안주로 먹을 만한 음식 위주로
구성되어 있어. 시그니처 메뉴는 트러플크리스피감자전과
크림치즈곶감이야. 술과 함께 한다면 최고의 조합을 맛볼 수
있지. 소주부터 위스키까지 거의 모든 주종을 갖추고 있어.
음식은 10,000원대부터, 와인은 40,000원대부터 시작하니
무서운 요즘 물가에도 부담 없이 즐길 수 있을 거야.

📍 서울 성동구 독서당로 296-11 1층   🕐 월~토 17:00~24:00 / 일 휴무
📞 0507-1356-3659   📷 _soulboy_seoul

**전통주의
매력에 빠져보자**

금남정

정성스럽게 요리된 한식 안주와 다양한 전통주 라인업을
갖춘 곳이야. 우리가 일반적으로 생각하는 대량 생산된
주류는 이곳에 없어. 대신 주인장이 신중하게 선정한 다양한
전통주가 있고, 새로운 주류가 계속 업데이트된다고 해.
입문자라면 더 좋아. 전통주에 진심인 사장님이 설명과
추천을 잘 해주니, 이번 기회에 전통주의 매력에 풍덩
빠져보자. 안주 또한 모시조개술찜, 제주은갈치속젓파스타
등 특색 있는 메뉴들이 많은데 하나하나 깊은 맛이 느껴져
실망하지 않을 거야. 이곳을 인생술집이라고 꼽은 리뷰가
많이 보이는 건 이유가 있겠지? 17:30~19:00 타임만 예약을
받고, 그 외의 시간에는 워크인으로 방문할 수 있어. 아담한
공간이라서 한 팀당 3인까지 입장 가능해.

ⓘ ··

◉ 서울 성동구 금호산2길 18 1층
☎ 0507-1359-3280
◷ 월~토 17:30~24:00 / 일 휴무 /

월 추가 휴무 여부는 공지 참고
✅ 캐치테이블 예약
◉ geumnam_j

✦

내추럴비어, 들어봤니?

쿨쉽

맥주 덕후의 성지, 쿨쉽은 벨기에 맥주 '람빅'을 전문적으로 취급하는 곳이야. 람빅은 자연 발효되어 신맛이 특징인 내추럴비어라고 할 수 있어. 2년 이상의 숙성과 발효 과정을 거치기 때문에, 일반 맥주를 상상하며 마신다면 의외의 맛에 놀랄 거야. 병의 입구를 코르크로 막아 보관한다는 점과 와인잔처럼 생긴 전용 맥주잔에 따라 마신다는 점도 신기한 포인트야. 쿨쉽은 람빅의 수입 유통을 겸하고 있어서 다양한 종류의 람빅을 저렴하게 마실 수 있어. 사장님의 자세한 설명을 들으며 맥주 테이스팅을 하다 보면 다채로운 람빅의 세상을 들여다보게 될 거야.

ⓘ -

📍 서울 성동구 장터길 35-1 2층
🕐 매일 18:00~24:00
📷 coolship_korea

🍴 안주는 판매하지 않고 외부 음식을 자유롭게 가져와서 먹을 수 있어.

레트로가
살아
숨 쉬는 곳

매력이 넘치는 골목골목, 동인천

동인천에는 '개항로'를 중심으로 1883년
개항 이후 지어진 서양, 일본풍의 이국적인
건축물들이 고스란히 남아 있어. 건물
하나하나가 역사를 담고 있다고 해도
과언이 아니지. 최근 몇 년 사이에는 오래된
점포와의 협업을 통해 개항로 건물의
레트로한 매력을 지키면서 새로운 공간으로
탈바꿈시키는 '개항로프로젝트'가 진행되고
있어. 더욱 볼거리가 많은 동네로
재탄생한 동인천으로 골목 골목의
매력을 발견하러 떠나보자.

콘텐츠 도움: 주말랭이 구독자 츨리 뻥뻥 님

엄마 아빠가 선을 봤던

이집트
경양식

이집트경양식은 1980년대에 유명한 양식집이었다고 해.
이 골목이 '이집트 골목'으로 불릴 만큼 인천에서 가장 핫한
장소였다는 후문. 당시 데이트를 하거나 선을 볼 때 이곳을
찾았다고 하니 역사가 더욱 생생하게 느껴지는걸?
레트로한 인테리어 덕분에 입장하는 순간부터 과거로 시간
이동을 한 것 같은 기분이 들어. 밀가루, 달걀, 빵가루를
입혀 옛날 방식 그대로 튀겨낸 바삭한 돈가스에 느끼함을
잡아주는 수제 소스까지 곁들여 맛도 좋아. 이틀 연속으로
방문했다는 후기가 있을 정도로 깊은 맛을 느낄 수 있을 거야.

ⓘ ....

본점
📍 인천 중구 우현로67번길 13
📞 070-8837-0079
🕐 매일 11:00~21:00
📷 egypt_cutlet

서구청점
📍 인천 서구 승학로272번길 2
📞 0507-1354-0913
🕐 매일 11:00~21:00
📷 egypt_cutlet

**가로등 불빛 깜박이는
골목 감성**

개항로통닭

좁은 골목의 좌우를 잇는 레트로한 간판이 시그니처인
개항로통닭. 이 간판은 개항로의 오래된 가게인
전원공예사에 의뢰해 만든 것으로, 세대를 넘어선
협업을 보여주고 있어. 이 골목은 개항로의 대표적인
포토스팟이니, 일단 간판 아래서 사진을 찍고 이동하자.
개항로통닭은 낮보다 밤이, 겨울보다 여름이 더 매력적인
곳이야. 노란 조명 아래, 마당에 펼쳐진 야외 테이블에 앉아
치맥 한잔하면 그게 바로 여름밤의 매력 아니겠어? 치킨도
레트로한 전기구이통닭이니 인천에서만 맛볼 수 있는
개항로맥주와 함께 즐겨봐.

ⓘ ··

📍 인천 중구 참외전로 164
☎ 0507-1446-9293
🕐 월~금 17:00~24:00 /

토, 일 16:00~24:00
📷 gaehangro
🐾 반려동물 동반 가능

**분위기에 한 번,
맛에 두 번 빠지는**

개항면

12시간 곤 사골국물을 베이스로 한 국수집 개항면은
조선시대 온면을 새로운 관점으로 요리하는 곳이야.
우리나라에서 최초로 쫄면을 만든 광신제면과 협업해
새로운 레시피의 생면 국수를 개발했어. 대표메뉴 온수면
외에도 육전덮밥, 온수육 등 뻔하지 않은 메뉴를 만날 수
있어. 따끈하고 든든한 식사를 하고 싶다면 만족스러울
거야. 대형 샹들리에, 벽에 새겨진 복고풍 로고 등 빈티지한
인테리어는 이곳의 매력을 두 배로 올려주는 요소야.

ⓘ

📍 인천 중구 개항로 108-1
☎ 032-773-1081
🕐 매일 11:30~21:00

📷 gaehangnoodle
🍽 식사를 하면 동인천역 1공영주차장의
주차권을 제공해 줘.

◆

**역사가 있는 건물과
전통 있는 브랜드의 만남**

일광전구
라이트
하우스

2,000개의 전구가 반짝이며 맞아주는 일광전구 라이트하우스. 전구가 왜 이렇게 많냐고? 백열전구를 생산하는 '일광전구'에서 운영하는 카페이기 때문이야. 일광전구는 최근 매력적인 디자인 램프를 선보이며 재조명 받는 브랜드이기도 하지. 이곳은 40년간 산부인과 건물로 쓰였다고 해. 병원 안내판, 긴 나무 의자, 간호사실 푯말 등 작은 요소까지 세월의 흔적을 지우지 않고 고스란히 살려서 더욱 레트로한 매력이 살아나. 카페의 한편에는 과거 전구를 생산하던 설비 장치가 작동하는 모습을 볼 수 있어. 2층으로 올라가면 전구가 가득한 포토존이 나오는데, 라이트하우스를 방문했다면 이곳에서 인증샷은 필수. 인테리어 만큼이나 특색 있는 디저트와 커피의 맛도 좋다는 후기가 가득해.

ⓘ ....

📍 인천 중구 참외전로174번길 8-1
📞 0507-1421-2081

📍 매일 11:00~21:00 / 매월 넷째 월 휴무
📷 ik_lighthouse

120살 건물에서
맛보는 팥빙수

팥알

팥알은 무려 120년 된 목조건물에 있는 팥빙수 맛집으로 국가등록문화재 567호로 지정된 곳이야. 일제강점기에 인천항에서 조운업을 하던 하역회사 사무소 겸 주택으로 사용되다가, 2012년에 원형 복원을 마치고 현재 팥알로 운영되고 있다고 해. 카페 내부에는 개항기 역사를 엿볼 수 있는 사진과 잡지, 굿즈들이 가득해. 역사를 온전히 기억하자는 팥알의 철학이 느껴지는 부분이지. 이곳의 대표 메뉴는 팥빙수, 단팥죽, 나가사키카스텔라야. 팥빙수는 화려하지 않지만 맛이 깔끔하며 팥 본연의 깊은 맛을 느낄 수 있어.

- 인천 중구 신포로27번길 96-2
- 032-777-8686
- 화~토 10:30~21:00 /
  일 10:30~19:00 / 월 휴무

- 전화 예약
- pot-r.com
- 1층은 일반석, 2층과 3층은 다다미방으로
  5~15명의 단체 예약 손님을 위한 공간이야.

**개화기 인천의
역사를 담은**

대불호텔
전시관

대불호텔은 1888년 일본 해운업자가 세운 최초의 서양식 호텔이야. 현재는 대불호텔 터에 당시 모습을 재현한 전시관으로 만날 수 있어. 관람권을 구매하면 대불호텔 전시관과 옆 건물에 있는 생활사 전시관까지 관람하게 돼. 전시관은 당시 호텔의 객실과 사교의 장이었던 연회실을 재현한 공간으로 꾸며져 있어. 고풍스러운 앤티크 가구로 채워진 객실은 지금 봐도 감탄을 자아내기 충분해. 당시 분위기를 짐작할 만한 커피잔, 테이블웨어, 커피를 내린 도구들도 전시되어 있어. 생활사 전시관에서는 그 시절 모습으로 재현된 60~70년대의 거리와 지하철, 양장점, 미용실 등을 만날 수 있을 거야. 볼거리가 정말 많으니 흥미로운 시간 여행을 즐겨봐.

📍 인천 중구 신포로23번길 101
📞 032-766-2202
🕐 화~일 09:00~18:00 / 월 휴무

🎫 통합 관람권을 구매하면 대불호텔 전시관, 인천개항장 근대건축전시관, 개항박물관, 짜장면박물관, 한중문화관 5곳을 관람할 수 있어.

**인천에서만
마실 수 있어요**

인천맥주

인천을 대표하는 양조장인 인천맥주는 오직 인천에서만
맛볼 수 있는 맥주를 생산하고 있어. 개항로프로젝트로
탄생한 개항로맥주, 블랙라거인 마계인천, 골드에일인 파도
등 다양한 향과 맛의 맥주를 맛보는 즐거움을 느낄 거야.
인천맥주에서는 맥주 종류에 따른 전용 잔, 에코백 등의
굿즈를 판매하고 있어. 동인천을 방문한 기념으로 굿즈를
구매해도 좋겠지? 이곳은 날이 따뜻할 때 방문하면 더욱
좋아. 길에 테이블을 펼쳐놓고 맥주를 마시며 길맥을 즐길
수 있거든. 동인천을 구경하다가 인천맥주의 파란 테이블이
보이면 잠시 앉아서 맥주 한잔 시원하게 들이켜보자.

🔘 인천 중구 신포로15번길 41 1층
☎ 0507-1375-0736
🕐 화~일 13:00~21:00 / 월 휴무
📷 incheon_brewery

💬 '끝 맛이 좋아야 라거다'라고 적힌 개항로
맥주 포스터는 개항로 음식점 곳곳에서
만날 수 있는데, 이 포스터의 모델이 개항로
주민인 어르신이라는 점이 재미있어.

잃어버린 영감을 찾아서

책과 예술의 동네, 파주

pazu

책과 예술, 자연을 좋아한다면 탁 트인
자유로를 타고 파주로 떠나보자. 도심과 달리
한적하고 묘한 여유로움을 주는 이곳에는
책 만드는 사람들이 하나둘 모여 형성된
공간부터 힐링 음악이 가득한 공간,
자연을 느낄 수 있는 공간 등 다양한 매력의
공간을 경험할 수 있어.
가끔 한 템포 쉬어 가고 싶거나 새로운
영감이 필요할 때 도움이 될 거야.

✦

오래 머물고 싶은 공간

콩치노
콩크리트

새로운 차원의 음악을 감상할 수 있는 공간을 소개할게. 높은 층고로 개방감을 더한 이곳에는 1930년대 미국과 독일 극장에서 사용된, 무려 3m가 넘는 하이엔드 대형 스피커가 양옆에 놓여 있어. 넓은 공간을 오로지 스피커만으로 빈틈없이 꽉 채워 악기 연주가 없는데도 마치 한 편의 공연을 보는 듯해. 클래식, 재즈, 캐럴 등 스피커에서 뿜어져 나오는 다양한 음악을 들으며 깊은 감상에 빠져봐. 임진강이 보이는 창 앞에 앉아 풍경을 감상하며 음악을 즐겨도 좋고, 여유롭게 책을 읽으며 오래 머무르는 것도 추천해. 혹은 스피커 앞에 정면으로 앉아 귀가 호강하는 기회를 누려봐도 좋아. 음악 감상을 위한 분위기와 몰입도를 위해 음식물과 음료는 반입되지 않으니 이 점 참고해줘.

ⓘ ....

📍 경기 파주시 탄현면 새오리로161번길 17
2층

☎ 0507-1374-5800

🕐 월, 화, 금 14:00~19:00 /

토, 일 12:00~19:00 / 수, 목 휴무

📷 concino_concrete

📖 읽을거리를 들고 가면 좋아. /
8세 이상부터 입장 가능해.

**오래도록
함께하는 서적들**

열화당
책박물관

책의 도시 파주에는 지난 50여 년간 출판사 열화당에서
모아온 서적을 비치·전시하는 열화당책박물관이 있어.
이곳은 박물관이자 도서관, 그리고 책방이 되기도 하는 책
읽는 사람 모두를 위한 공간이야. 동서양의 고서와 열화당이
오랫동안 소장해온 예술서적들, 그리고 편집자의 눈으로
직접 고른 세계 각국의 아름다운 책들이 한데 모여 있는
곳이지. 중세를 지나 근대와 현대까지 세월을 머금은 책들을
쭉 둘러볼 수 있는데, 책에는 그 시대의 문화와 시대상이
반영되어 있다는 말이 실감되었어. 눈으로 둘러보는 것도
좋지만 도슨트 설명을 곁들이면 공간을 더 풍부하게 느낄 수
있을 거야.

ⓘ ··

◉ 경기 파주시 광인사길 25
☏ 0507-1327-7021

✆ 월~금 11:00~17:00 / 토, 일 휴무
◍ yhdbookmuseum.com

엘리펀트
플라잉

하늘을 나는 코끼리가 연상되는 이름부터 재치 있는 이곳은 앙증맞은 코끼리 캐릭터가 반겨주는 아담한 소품숍이야. 재미있는 게 좋아서 문을 열었다는 사장님의 철학에 맞게 아기자기하고 유쾌한 감성의 제품들이 많아서 보는 재미가 쏠쏠해. 소장 욕구를 자극하는 문구류부터 각종 스티커와 그래픽포스터, 키링, 티셔츠와 같은 소품류까지 구경할 거리가 다양하지. 시즌별로 주제를 정해 제품 큐레이션에 변화를 주기도 해서 갈 때마다 새로운 느낌이 들지도 몰라. 주말이면 야외 데크에서 스낵 바 '포테이토얌'이 열리는데, 맛깔스러운 감자튀김과 시원한 맥주가 별미라고 해. 말랑한 영감을 주는 이곳에서 소소한 쇼핑을 즐겨보길.

ⓘ

📍 경기 파주시 탄현면 헤이리마을길 21-8 1층
📞 031-947-6999
🕐 수~일 13:00~18:00 / 월, 화 휴무

📷 elephantflying_
📋 포테이토얌은 주말에만 오픈하고 동절기에는 운영하지 않아.

**음식으로 떠나는
튀르키예 여행**

앤조이터키

헤이리마을에서 이국적인 정취를 느끼며 이색 요리를 맛보면 어떨까? 어디에서도 쉽게 맛보지 못하는 튀르키예 가정식을 파는 파주 속 작은 튀르키예 식당을 소개할게. 튀르키예 요리는 손이 많이 가고 까다롭기로 유명하지만, 요리에 진심인 사장님은 매일 손 반죽을 해 빵을 굽고 카이막을 만들어 숙성하는 등 정성 들여 음식을 준비한다고 해. 더 나은 맛을 위해 과감히 문을 닫고 이스탄불에 다녀오기도 할 만큼 튀르키예 요리에 대한 사장님의 진심이 느껴져. 이곳에서는 천상의 맛 카이막은 물론, 튀르키예의 대표 음식 케밥, 한국에서 쉽게 만나지 못하는 로컬 푸드까지 다양한 메뉴를 맛볼 수 있어. 모든 메뉴에는 튀르키예식 홍차가 함께 나와. 쌉싸름한 홍차의 맛이 입안을 개운하게 해줘 향신료 향이 강한 튀르키예 음식과 찰떡궁합이야.

ⓘ ···

📍 경기 파주시 탄현면 헤이리마을길 37-33
☎ 0507-1479-3541
🕐 화~금 11:00~15:00 / 토, 일 11:00~20:00 / 월 휴무

ⓞ enjoyturkey_jasminne
🍽 튀겨서 만든 터키식 베이글 '피쉬'는 겉은 바삭하고 속은 촉촉 쫄깃해서 정말 맛있으니 배가 불러도 피쉬&카이막은 꼭 시켜보길.

✦

심학산 근처 찐 맛집

초원
오리농장

헤이리마을에서 차로 15분 정도 이동하면 건강과 맛을 모두 챙길 수 있는 오리고기 식당 초원오리농장이 있어. 침샘을 자극하는 비주얼의 오리주물럭을 맛볼 수 있는 곳이지. 캠핑에 온 것 같은 낮은 테이블에서 은은하게 졸여 먹는 주물럭이 이곳의 특징이야. 야자숯을 사용하기 때문에 고기가 익는 데까지 15분 정도 소요된다고 해. 고기와 떡이 어느 정도 익으면 사장님이 오리고기와 궁합이 좋은 부추와 깻잎 등 채소를 듬뿍 넣어주시지. 취향에 따라 쫄깃한 우동 사리를 추가해도 좋아. 아무리 배불러도 이곳의 볶음밥은 기가 막히다는 후기가 있으니 빼놓지 말아줘. 식사 후에는 매장 한편에 놓인 시원하고 달달한 식혜로 마무리하면 만족스러운 한 끼가 될 거야.

ⓘ ···

📍 경기 파주시 교하로 595-4
📞 031-944-5291
🕐 수 17:00~21:00 / 목~일 11:00~21:00 /

월, 화 휴무
📋 준비된 고기가 모두 소진될 수 있으니 방문 전 미리 전화로 확인하길.

자연을 담아낸 카페

문지리535

'파주' 하면 대형 베이커리 카페가 빠질 수 없지. 문지리535는 입구에 들어서면 다양한 식물들이 반겨주는 하나의 거대한 식물원이 연상되는 공간이야. 크고 작은 야자수를 비롯해 각종 열대 식물들이 가득 차 있어 초록초록한 풍경을 자아내. 이곳의 매력은 공간마다 다양한 뷰를 감상할 수 있다는 점이야. 빼곡한 야자수를 내다볼 수 있는 중앙 뷰, 사계절을 느낄 수 있는 창가 논 뷰 등 공간을 다채롭게 즐길 수 있어. 또한 야외 테라스는 반려동물과 함께 머물 수 있는 공간으로 유모차 반입도 가능해. 샌드위치와 각종 파스타, 샐러드 등 메뉴가 다양해서 브런치를 즐기거나 간단한 커피와 차를 마시며 눈을 정화해 보는 것도 추천할게.

ⓘ ··

📍 경기 파주시 탄현면 자유로 3902-10
📞 0507-1470-1408

🕐 매일 10:00~20:00
📷 cafe_munjiri535

통유리창 너머로 보이는 한강 뷰

우연히설렘

잔잔한 여유를 느끼고 싶다면 우연히 들러보기 좋은 카페 '우연히 설렘'을 소개할게. 비 오는 날엔 운치 있는 풍경이, 햇빛 좋은 날엔 시시각각 바뀌는 자연광이 맞아주는 공간으로 통유리창 너머 저 멀리 한강 뷰를 보며 티타임을 즐길 수 있어. 이곳의 시그니처 메뉴는 단짠의 맛이 매력적인 아몬드소금크림커피와 함께 곁들이기 좋은 디저트 파블로바야. 파블로바는 흰자 거품으로 만든 머랭케이크로 호주와 뉴질랜드에서 주로 먹는 간식이야. 구운 머랭 위에 생크림과 생과일이 올라가는데 겉은 바삭하지만 속은 부드럽고 가장자리는 쫀득한 이 집만의 별미이지. 달콤한 음료, 디저트와 함께 창가에 앉아 붉게 물드는 석양을 바라보면 이보다 행복할 수 없을 거야. 날씨 좋은 날엔 테라스에 있는 빈백에 앉아 자연을 즐겨보길.

ⓘ

◉ 경기 파주시 소라지로 319
☎ 0507-1336-3035

◷ 월, 수~일 11:00~23:00 / 화 휴무
◉ heart_flutering

고유한
매력을
힙으로

지역 특색을 잘 살린, 이천

이천은 바로 쌀과 도자기가 떠오를 만큼 이
도시만의 고유한 특징과 매력을 가진 지역이야.
흙과 물이 좋아서 벼가 잘 자랄 수 있는
환경이기 때문에 쌀의 품질이 우수하다고 해.
도자기의 주재료도 흙과 물이기 때문에 질
좋은 도자기를 빚을 수 있지. 이천은 이러한
지역 고유의 특색을 그대로 살리면서도 그
어떤 핫플레이스 속에서도 돋보일 만큼 요즘
트렌드와 어우러진 장소들이 참 많아. 이렇듯
빠르게 지나가는 유행 속에서 자신의 고유한
매력을 어우러지게 살리는 것이 진정한 힙
아닐까? 진정한 힙을 아는 도시
이천의 매력에 빠져보자.

콘텐츠 도움: 주말랭이 구독자 깡깡 랭랭 님

**도자기 공방이
모여 있는 마을**

예스파크

파주에 헤이리예술마을이 있다면, 이천에는
도자예술마을인 예스파크가 있어. 도자기를 중심으로
한지공예, 목공예, 가죽공예 등 다양한 분야의 공방이
모여 한 마을을 이루고 있지. 모든 가게마다 외형이 달라서
멋진 건물을 구경하며 산책하기 좋아. 가로등과 주차
타이어 가드가 도자기로 데코되어 있고, 도자기 조형물이
전시되어 있는 등 마을 전체가 도자기로 꾸며져 있기 때문에
거리를 걷는 것만으로도 전시를 보는 것 같은 즐거움이
있는 곳이야. 제각기 다른 건물 외형만큼이나 가게 내부도
같은 분위기인 곳이 없어. 작가의 개성이 반영된 도자기가
전시되어 있어 가게마다 다른 스타일의 도자기를 구경하고
구매하는 재미가 있지. 물레 체험, 도자기 만들기 등 원데이
클래스를 수강하는 것도 추천해. 매년 이곳에서 이천의 대표
축제인 도자기축제가 열리니, 축제 기간에 방문하면 더욱
풍성한 경험을 할 수 있을 거야.

ⓘ ··

📍 경기 이천시 신둔면 도자예술로5번길 109
☎ 0507-1461-1996
🕐 연중무휴 (각 공방마다 운영시간 상이)
🔗 2000yespark.or.kr

🖐 월요일은 휴무인 공방이 많으니 웬만하면
다른 요일에 방문하자. 그리고 오후 5시면
영업을 종료하는 곳이 많으니 이른 낮에
방문하는 게 좋아.

**구경거리 다양한
복합문화공간**

시몬스
테라스

매 겨울마다 화려한 조명과 오너먼트로 꾸민 대형 트리로
크리스마스의 대표 성지가 된 시몬스 테라스. 이곳은
수면 전문 브랜드 시몬스의 역사와 철학이 담긴 곳이자
다채로운 볼거리가 가득한 복합문화공간으로, 크리스마스
시즌이 아니라도 언제든 방문하기 좋아. 쇼룸에서 거의
모든 라인의 시몬스 제품을 체험해 볼 수 있고, 헤리티지
앨리에서는 매트리스의 발전 과정과 시몬스의 역사를 볼
수 있어. 이외에도 시즌마다 새로운 콘셉트로 진행되는
전시, 내 수면 상태를 분석하여 숙면 솔루션을 처방받을 수
있는 수면 테스트 등 다양한 놀이 요소가 있지. 콘셉트가
각기 다른 공간을 구경하고 포토존에서 사진을 찍다 보면
시간 가는 줄 모를 거야. 커피 수혈이 필요해질 즈음 시몬스
테라스 안에 입점 된 이코복스카페에서 커피를 마시며 잠시
쉬어봐. 또 이국적인 식료품과 소품 구경하는 재미가 있는
퍼블릭마켓도 있으니 함께 둘러봐도 좋을 거야.

ⓘ ···

⊙ 경기 이천시 모가면 사실로 988
☎ 031-631-4071
⊙ 월~목, 일 11:00~20:00 /
　금~토 11:00~21:00

◎ simmons.co.kr
⊞ 반려동물 동반 가능 / 시몬스 주차장
　이용 가능 (10,000원 이상 구매 시 무료,
　이코복스와 퍼블릭마켓도 해당)

공원 이상의 의미

설봉공원

설봉공원은 이천에서 가장 큰 규모의 공원이야. 이곳은 2001년 세계도자기엑스포가 개최된 곳으로 이천의 대표적인 명소야. 설봉공원에는 멋진 자연경관은 물론, 문화생활을 할 수 있는 시설도 함께 있어서 이천 시민에게 공원 이상의 의미가 있는 곳이지. 매월 다양한 기획전이 열려 여러 미술 작품을 관람할 수 있는 시립월전미술관, 이천시의 문화와 역사가 전시된 이천시립박물관 등 여러 부대시설이 있어. 4월부터 10월까지는 월요일을 제외한 매일 밤마다 음악 분수 공연을 한다고 해. 가요, 동요, 트로트 등 온 세대가 함께 즐길 수 있는 다양한 장르의 음악이 흐르고, 이에 어울리는 조명과 분수 공연이 꽤 화려해 이천 시민에게 많은 사랑을 받고 있어. 공원은 자연을 빼놓을 수 없잖아? 봄에는 벚꽃, 가을에는 단풍 명소가 되는 이곳에서 설봉저수지를 중심으로 한 바퀴 산책하면 힐링 그 자체일 거야.

ⓘ ···

📍 경기 이천시 경충대로2709번길 128   🕐 연중무휴 (각 부대시설마다 운영시간 상이)

✦
현지인도 인정하는 맛집
호운

호운은 이천 현지인이 인정하는 생선구이와 제육볶음 정식 맛집이야. 메뉴는 제육정식과 고등어, 임연수, 볼락구이정식이 준비되어 있어. 생선구이는 크고 통통한 생선을 사용해 껍질은 바삭하고, 살은 적당히 기름져 촉촉하다고 해. 제육볶음은 함께 볶은 양배추가 아삭하게 씹히고 불 향 가득 매콤하여 밥도둑이 따로 없어. 그래서 이곳에 가게 된다면 생선구이 정식과 제육볶음 정식을 하나씩 시켜서 둘 다 꼭 맛보길 바라. 그리고 밥은 솥밥으로 제공되는데, 알알이 찰진 식감이 좋아 맨밥만 먹어도 고소한 맛이 일품이라고 해. 굳이 값비싼 이천쌀밥 한정식집에 가지 않아도 될 정도의 맛이라고 솥밥에 대한 칭찬이 가득해. 밥을 다 먹은 후에는 구수한 솥밥누룽지로 개운하게 마무리하자.

ⓘ ⋯⋯⋯⋯⋯⋯⋯⋯⋯⋯⋯⋯⋯⋯⋯⋯⋯⋯⋯⋯⋯⋯⋯⋯⋯⋯⋯⋯⋯⋯

📍 경기 이천시 신둔면 황무로 200
☎ 0507-1301-0136
🕐 화~일 11:00~20:00 / 월 휴무

🍴 웨이팅이 있는 편이지만, 테이블링 예약으로 원격 줄 서기가 가능해.

**다른 곳에서
맛볼 수 없는 차**

여여로

여여로는 현대미술 작가 부부가 운영하는 티 카페야.
동서양의 문화와 철학을 현대적으로 재해석하여 차와
디저트에 접목했다고 해. 그래서인지 차 이름이 어느
것 하나 평범하지 않아. '아름다운 통로' '양지의 씨앗'
'인디언의 활' 등 하나의 작품 같은 이름이야. 모든 차는
여여로에서 직접 블렌딩한 것으로 오직 이곳에서만 맛볼
수 있지. 스트레스 완화, 피로 회복, 소화, 피부 재생 등
각 티마다 효능이 달라서 원하는 것으로 골라 마시면 돼.
또는 사장님께 추천을 부탁하면 달달한 맛이 좋은지, 허브
향을 좋아하는지 등 몇 가지 질문 후 알맞은 것을 추천해줘.
감각적인 인테리어에 은은한 인센스 향이 퍼지는 아늑한
이 공간에서 차 한 잔을 마시며 충분한 휴식을 취할 수 있을
거야. 카페 안에 수영장도 있어서 물멍하는 시간을 가져도
좋아.

ⓘ ···

ⓟ 경기 이천시 신둔면 둔터로162번길 3   ⓢ 수~일 11:30~21:00 / 월, 화 휴무
☎ 070-8887-1623   ⓘ yeoyeoro

블루베리 농장이 펼쳐진

더반 올가닉

브런치 카페 더반올가닉은 블루베리 농장과 함께 운영되고 있어. 카페 바로 앞에는 블루베리 농장이 넓게 펼쳐져 있는데, 그 덕에 창밖으로 탁 트인 뷰를 볼 수 있어. 또 이곳은 벽돌로 지어진 대형 카페로 여유롭게 브런치를 즐기기 딱 좋아. 농장에서 직접 수확한 블루베리로 만든 잼과 청, 음료, 피자, 디저트를 맛볼 수 있어. 이곳의 특별함은 메인 매장과 분리되어 소수의 인원만 이용할 수 있는 프라이빗한 공간이 있다는 점이야. 매장 1층과 2층에 가족 또는 친구들과 이용할 수 있는 패밀리룸이 갖춰져 있어. 우리만의 방해받지 않는 시간을 보내고 싶다면 예약 후 방문해봐.

📍 경기 이천시 부발읍 부발중앙로221번길 89
☎ 0507-1355-1987
🕐 매일 10:30~20:00

✅ 네이버 예약 (패밀리룸 예약 필수)
📷 thebarnorganic

카페웰콤은 앞서 소개한 도자예술마을 예스파크 안에 있는 카페야. 그래서인지 매장 인테리어부터 디저트까지 도자기 감성을 아주 잘 살려두었어. 내부에는 차분한 화이트톤에 백자 달항아리가 진열되어 있어. 이곳의 시그니처 디저트는 옹기티라미수와 쌀밥빙수야. 귀여운 작은 옹기에 담겨 나오는 옹 티라미수는 100% 마스카르포네치즈로 만들었다고 해. 쌀밥빙수는 쌀밥을 본떠 만든 디저트로, 돌솥에 하얀 우유 얼음이 소복이 쌓인 비주얼이 눈길을 사로잡아. 우유 얼음을 조금 먹다 보면 바닥에 누룽지와 캐러멜소스가 눌어붙은 걸 발견할 수 있어. 바로 누룽지를 긁어먹는 디테일까지 살려둔 거지. 쌀밥빙수는 계절 메뉴라서 겨울에는 판매하지 않는 점 참고해줘. 공간과 디저트에 모두 이천의 상징을 잘 담아 이천의 대표 카페라고 해도 손색없을 거야.

ⓘ ⋯⋯⋯⋯⋯⋯⋯⋯⋯⋯⋯⋯⋯⋯⋯⋯⋯⋯⋯⋯⋯⋯⋯⋯⋯⋯⋯⋯⋯

📍 경기 이천시 신둔면 도자예술로 62번길 28-22
📞 031-637-9030

🕐 화~일 11:00~21:00 / 월 휴무
📷 cafe_wellcome

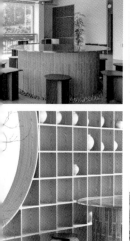

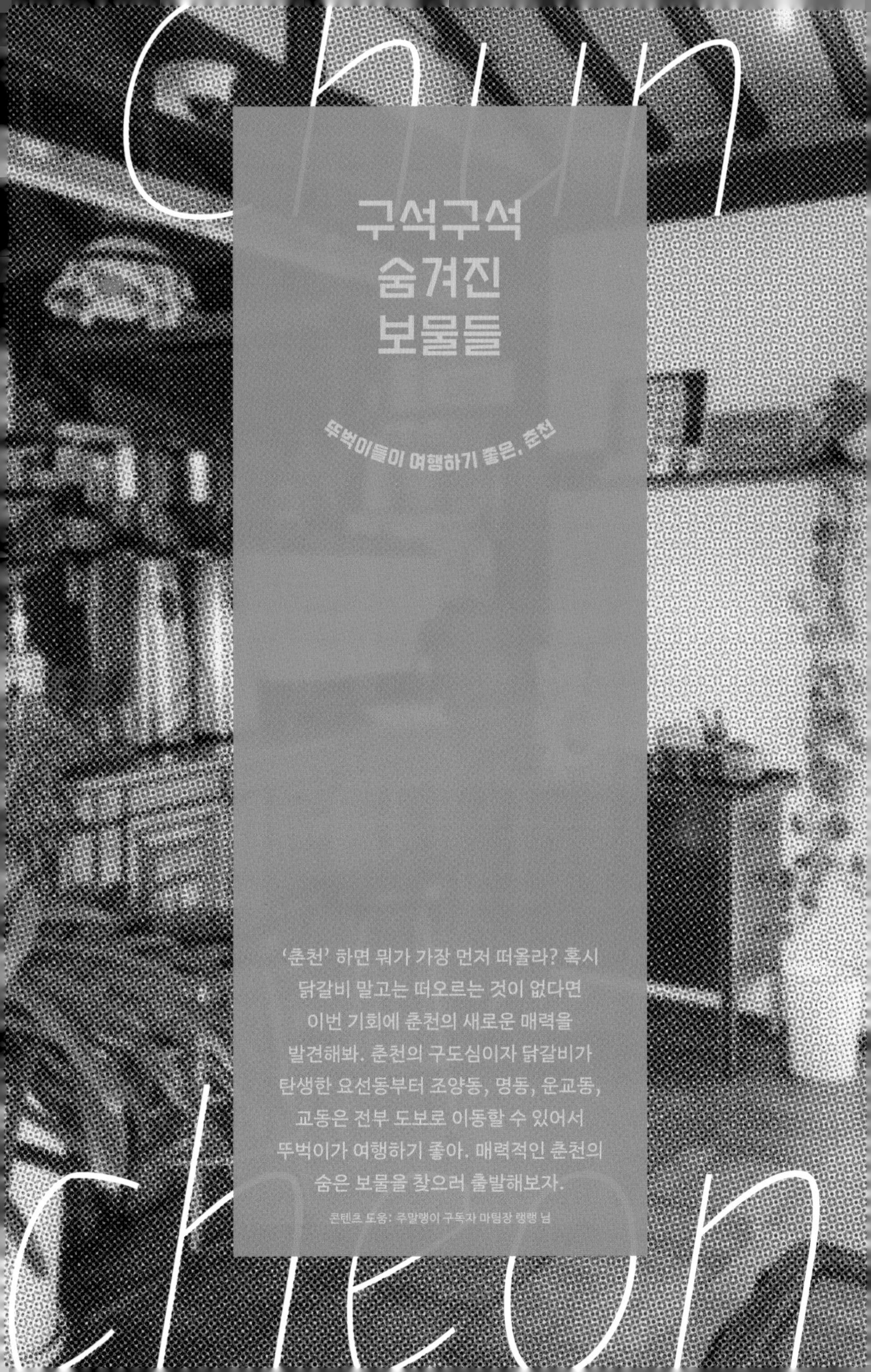

구석구석
숨겨진
보물들

뚜벅이들이 여행하기 좋은, 춘천

'춘천' 하면 뭐가 가장 먼저 떠올라? 혹시
닭갈비 말고는 떠오르는 것이 없다면
이번 기회에 춘천의 새로운 매력을
발견해봐. 춘천의 구도심이자 닭갈비가
탄생한 요선동부터 조양동, 명동, 운교동,
교동은 전부 도보로 이동할 수 있어서
뚜벅이가 여행하기 좋아. 매력적인 춘천의
숨은 보물을 찾으러 출발해보자.

콘텐츠 도움: 주말뱅이 구독자 마틸장 랭뱅 님

**농부가 만드는
제철 음식**

어쩌다농부

'마음 편히 먹을 수 있는 한 끼 없나?'를 고민하다가 그 답을 땅에서 찾았다고 하는 어쩌다농부. 좋은 농부가 좋은 땅에서 키운 재료를 가지고 좋은 요리사가 요리를 하면 비로소 좋은 음식이 탄생한다는 것이 이 식당의 모토야. 메뉴가 많지는 않지만 정갈한 한 끼를 하기에 충분해. 대표 메뉴는 명란들기름파스타야. 이 외에도 시금치두부카레, 농부네두부텃밭 등의 메뉴도 인기이니 속이 편안한 채식을 하고 싶을 때 딱이야. 계절마다 제철 재료를 사용하기 때문에 메뉴가 종종 바뀌기도 해. 좋은 재료로 만든 건강한 한 끼를 원할 때, 이곳에 가봐.

📍 강원 춘천시 중앙로77번길 35(본점)
📞 0507-1435-1030

🕐 월, 수~일 11:00~16:00 / 화 휴무
📷 oopsfarmer

✦

식물과 함께 브런치를

녹색시간

흰 벽돌 건물, 나무 손잡이가 달린 유리문을 열고 들어가면 브런치 카페 녹색시간을 만날 수 있어. 식물과 어우러진 그린, 우드톤의 따뜻한 인테리어가 눈길을 사로잡는 곳이야. 카페 한편의 그린라이브러리 코너에는 식물 관련 책들과 작은 화분들이 진열돼 있어서 이곳의 분위기를 더욱 살려 줘. 인테리어 만큼이나 브런치 메뉴의 플레이팅과 맛도 훌륭해. 특히 딸기, 무화과 등 제철 과일을 이용한 메뉴는 극찬을 받고 있으니 놓치지 않길 바라. 웨이팅이 있는 편이니 미리 예약하고 방문하는 것을 추천할게.

ⓘ ·····································

📍 강원 춘천시 낙원길33번길 4-3 1층
☎ 0507-1349-7200
🕐 월 10:00~18:00 / 화~일 10:00~20:00 /
　 설날, 추석 당일만 휴무
✅ 네이버 예약
📷 noksaeksigan

💬 이곳에서는 식물도 구매할 수 있어. 재미있는 점은, 작은 식물들을 테이크아웃 시 사용하는 종이 캐리어에 담아준다는 것. 커피 대신 식물을 테이크아웃하면 들고 가는 길도 즐거울 거야.

309

**어둑한 밤을 밝히는
전통주 한잔**

심야

아늑하고 깔끔한 분위기의 한식 주점 심야. 어둑해진 저녁
술 한잔할 곳을 찾는다면 이곳을 추천해. 정성스러운 한식
안주와 다양한 전통주를 갖춘 곳이야. 주문을 하면 오픈
주방에서 요리하는 모습을 바로 볼 수 있어 더욱 즐거워.
마늘밥과 감태김으로 만든 김밥에 1++육회를 함께 먹는
육회김밥은 좋은 리뷰를 보장하는 이곳의 대표 메뉴. 쌀쌀한
날씨에는 뜨끈하고 얼큰한 백육개장을 추천해. 고기와
채소가 푸짐하게 담겨 식사로도 부족하지 않을 거야.
바 자리와 몇 개의 테이블이 있는 아담한 곳이라서 예약을
하지 않는다면 웨이팅 시간이 길 가능성이 있어.

ⓘ

📍 강원 춘천시 삭주로80번길 21
☎ 0507-1399-7275
🕐 화~일 17:00~01:00 / 월 휴무

✅ 전화 예약
📷 symya_pub

✦

예술과 함께
머무르는 공간

춘천일기
스테이&
춘천일기

춘천일기스테이는 로컬 예술가와 협업하여 꾸민 '로컬아트스테이'를 운영하는 숙소야. 방마다 아티스트 한 명의 작품으로 꾸며져 있어, 아침에 눈을 뜨는 순간부터 예술 작품과 함께 생활하게 될 거야. 숙박비의 일부는 작가에게 작품 렌탈 비용으로 전달된다고 해. 깔끔한 시설과 친절한 사장님 덕분에 좋았다는 후기가 많아. 춘천 여행을 계획하고 있다면 춘천일기스테이에 묵어보길 추천해. 춘천일기스테이의 1층은 춘천 굿즈를 판매하는 가게이자 여행 책방인 춘천일기로 운영하고 있어. 여행지에서 기념품숍을 꼭 방문하는 사람이라면 춘천일기는 필수 코스야. 로컬 아티스트의 작품들로 채워져 있어, 다른 소품숍에서는 보지 못했던 특별한 물건을 만날 수 있을 거야.

ⓘ ....

📍 강원 춘천시 중앙로27번길 9-1
☎ 0507-1380-7507

✔ 네이버 예약
📷 춘천일기스테이 stay.chuncheondiary

빈티지 소품의 보물창고

루
노스탈지크

낙원동 닭갈비골목 한편에 지하로 가는 작은 문,
루 노스탈지크의 입구를 발견한다면 주저하지 말고
들어가봐. 빈티지 소품들과 레코드, 그리고 음악이
가득 채우고 있는 작은 세계를 만나게 될 거야. 추억의
캐릭터 인형들과 피규어는 물론이고 레트로 분위기를
한껏 살려주는 매력적인 조명들까지! 구경하는 재미에
생각보다 오래 머무르게 될지도 몰라. 소품들은 모두
유쾌한 루사장님이 직접 수입해온다고 해.

ⓘ ··

📍 강원 춘천시 낙원길 28 지하
☎ 0507-1377-1013
🕐 금~일 13:00~18:00 / 월~목 휴무
📷 rue_nostalgique

💬 루 사장님이 소개하는 빈티지 제품이
궁금하다면 인스타그램에 먼저 방문해봐. /
반려동물 동반 가능

레트로 감성 가득한
크로프트
커피

시골 할머니 댁을 그대로 옮겨놓은 듯한 크로프트커피. 파란 철문을 밀고 들어서면 정감 가는 한옥집이 나타나. 옛날 집의 디테일을 그대로 살린 인테리어는 레트로 무드와 현대적인 요소가 절묘하게 어우러져 있어. 진열장에는 옛 브랜드의 로고가 찍힌 컵들이 놓여 있고, 한쪽 벽에는 옛날 달력이 큼지막하게 걸려 있어. 할머니 댁에서 봤던 자개장도 보여. 카페에서 구석구석 인테리어를 구경하는 재미가 이렇게 쏠쏠하다니! 여름에는 야외 툇마루에 앉을 수 있어. 원두가 맛있어서 웬만한 유명 카페보다 커피 맛이 좋다는 후기가 많아. 대표 메뉴는 플랫화이트야.

ⓘ ··

📍 강원 춘천시 가연길16번길 6
☎ 0507-1408-1176
🕐 월~목, 토, 일 12:00~19:00 / 금 휴무 /

마감시간은 시기에 따라 달라지니 방문 전 확인
📷 croft_coffee

자연
가까이
유유자적

시간이 느리게 흐르는 동네, 영월

Yeong

Wol

이번 주말엔 빠르고 자극적인 도심에서
잠시 벗어나 무해한 매력이 있는 동네
영월로 떠나보자. 굽이굽이 산골짜기
속에서 한가로운 자연을 즐기고 여유로운
쉼을 마주해봐. 편안할 '영'에 넘을 '월',
이름만큼이나 포근해서 발길을 사로잡는
이곳을 사랑하게 될 거야.

**한반도 지형,
정말 똑같네!**

선암마을

자연이 만들어낸 풍경이라는 게 믿어지지 않는 한반도 지형을 만나러 떠나보자. 선암마을에 주차를 하고 약 20분 정도 표지판을 따라 정상으로 걸어 올라가야 하는데, 나무로 된 데크 계단과 완만한 숲길 루트라 초보자도 무리 없이 갈 수 있어. 울창한 나무 사이로 이어진 태극기 무늬의 바람개비 행렬을 지나면 어느새 신비로운 광경이 눈앞에 펼쳐질 거야. 삼면이 바다로 둘러싸인 한반도를 쏙 빼닮은 한반도 모양의 절벽은 두 눈을 의심케 해. 오랫동안 자연 침식과 퇴적으로 의해 만들어진 신비로운 경정에 괜히 뭉클해지기도 해. 여름에는 푸르른 초록 풍경이, 겨울에는 눈으로 뒤덮인 설경을 볼 수 있어. 자연환경이 잘 보존된 이곳에는 비오리와 원앙, 수달 등 여러 동물이 살고, 강물 속에는 천연기념물인 민물조개, 다슬기 등이 서식 중이라는 사실이 감동을 더해줘. 자연이 선물해준 예술 작품을 눈에 담고 기념사진을 남겨보자.

ⓘ ···

📍 강원 영월군 한반도면 선암길 66-9　　　📞 1577-0545

✦
적막한 마음이 느껴지는

청령포

영월은 조선시대 단종이 유배된 곳으로 유명해. 왕위를 빼앗기고 유배된 단종이 실제로 머무르던 곳이 바로 영월 청령포야. 이곳은 삼면이 강물에 둘러싸여 배 없이 출입할 수 없는, 외부와 단절된 육지 속의 섬이야. 배를 타고 5분 정도 이동하면 단종이 살았던 집 한 채가 덩그러니 놓여 있는데, 적막한 모습에 쓸쓸해지기도 하고, 주변 능선의 수려한 경관에 감탄이 나오기도 해. 빼곡하게 솟아난 소나무 군락지에 들어서면 푸른 솔 향기와 함께 지난 세월이 느껴져. 그 중앙에는 무려 수령 600년의 천연기념물 관음송이 지키고 있어. 유배당한 단종이 이 소나무에 걸터앉아 마음을 달랬다고 전해지는데, 이 관음송에도 특별한 일화가 있어. 그동안 국가에 위난이 닥칠 때마다 붉은 나무껍질이 검은색으로 변하여 나라의 변고를 알려주었다고 하니 신령스럽고 귀한 나무의 정기를 느껴보자.

ⓘ ···

📍 강원 영월군 남면 광천리 산67-1
📞 033-372-1240

🕐 매일 09:00~18:00

 함께 별 보러
가지 않을래?

별마로
천문대

쾌청일수가 연평균 192일에 달하는 영월은 국내에서
맑은 날이 가장 많은 지역이야. 즉, 별을 보기에 이만한
장소가 없다는 뜻이지. 차를 타고 굽이굽이 길을 지나
해발 799.8m에 있는 별마로천문대로 가볼까? 별을 보는
고요한 정상이라는 의미를 지닌 이곳은 넓은 시야로 영월을
한눈에 담을 수 있는 것은 물론이고 낮에는 태양을, 밤에는
밤하늘을 관측할 수 있어. 관측하려면 홈페이지를 통해
사전 예매를 해야 해. 맨눈으로도 잘 보이는 영월 밤하늘을
80cm 주망원경으로 관측할 수 있다니 설레지 않을 수 없어.
깨끗한 영월 밤하늘을 수놓은 선명하고 밝은 별들을 보며
별멍을 즐겨보자.

ⓘ

📍 강원 영월군 영월읍 천문대길 397
☎ 033-372-8445
🕐 계절에 따라 상이함

✅ 홈페이지 예약
🌐 yao.or.kr:451

영월의 보물 같은 서점

인디문학
1호점

영월에 단 하나뿐인 감성 가득한 독립 서점을 소개할게.
매장에 들어서면 기분 좋은 인센스 향과 LP에서 흘러나오는
노래, 아기자기한 책장이 반겨줘. 각 책장에는 사장님의
짧은 서평이 적힌 메모가 붙어 있어 책에 대한 호기심을
자극하지. 중앙에는 책을 편하게 읽을 수 있는 테이블이
있고, 책과 함께 맥주를 판매해 북맥을 즐길 수 있어.
멋스러운 시를 적은 갈런드나 직원이 직접 쓴 단편 소설을
판매하기도 해. 한편에 있는 무료 나눔 공간에서는
영월 여행과 관련된 자료들을 제공하니 천천히 책을
구경하며 기분 좋은 이 공간을 느껴보자. 가까운 곳에는
'동강사진박물관'이 있어. 국내외 유명 작가와 지역 주민의
사진까지 17년째 특색 있는 작품을 수집하는 곳이니 함께
방문해봐도 좋아.

ⓘ ···

📍 강원 영월군 영월읍 하송로 97
☎ 0507-1320-5752
🕐 월~토 11:00~19:00 / 일 휴무
📷 1st.indimunhak

🖥 2023년 상반기쯤 영월의 다른 장소로 매장을
이전한다고 하니 인스타그램에서 확인하고
방문해줘.

✦

영월의 다양한 맛이 가득

서부
아침시장

영월 읍내에는 맛있는 냄새로 아침을 깨우는 시장이 있어. 침샘을 자극하는 영월의 맛이 모인 시장 골목을 천천히 구경하면서 출출함을 달래보자. 이곳에서는 메밀전병과 수수부꾸미와 같이 영월과 강원도를 대표하는 먹을거리를 팔고 있어. 영월 메밀전병은 다른 지역보다 매콤한 편인데, 여행객에게는 미탄집이 압도적으로 인기가 많지만 현지인들은 주로 옥동집을 많이 찾는다고 해. 간식으로 빠질 수 없는 닭강정은 가나닭강정과 일미닭강정이 양대 산맥을 이루고 있으니 취향껏 골라보자. 그 외에도 다양한 가게들이 많으니 맛있는 영월 음식을 만나보길.

ⓘ ···

◉ 강원 영월군 영월읍 중앙로 30-1

✦

작지만 강한 노포 맛집

주천묵집

외관부터 노포 포스가 물씬 느껴지는 주천묵집은 30년 전통의 묵요리 맛집이야. 영월에서 유일하게 블루리본 서베이 리본 2개를 받은 곳이기도 해. 직접 채취한 신선하고 다양한 채소를 듬뿍 올리고 고소한 참기름을 두른 채묵비빔밥, 담백한 도토리묵밥과 산초두부구이 등 영월 대표 음식을 만날 수 있어. 이곳은 직접 농사지은 메밀과 국산 도토리, 콩을 사용하는 것은 물론이고 모든 것이 기계화된 요즘에도 직접 손으로 묵을 쑤는 수고를 마다하지 않는다고 해. 사장님의 음식에 대한 정성과 진정성이 느껴지지? 재료가 떨어지면 영업을 일찍 종료하기도 하니 늦지 않게 방문해보자.

ⓘ ···

◉ 강원 영월군 주천면 송학주천로 1282-11   ⊙ 월, 수~일 10:00~19:00, / 화 휴무
☏ 0507-1388-3800

✦

후루룩 국수 한 사발

강원
토속식당

여행객뿐만 아니라 현지인이 즐겨 찾는 이곳은 외관부터 로컬 맛집임이 느껴지는 향토음식 전문점이야. 칡국수와 감자전이 주력 메뉴인데, 두고두고 생각날 만큼 별미야. 김과 깨, 지단 등이 듬뿍 올라간 칡국수는 그날그날 직접 만든 쫄깃하고 탱탱한 면과 구수한 국물의 조화가 예술이야. 강원도 감자를 직접 갈아서 두 겹으로 만든 고소하고 바삭한 식감의 감자전도 꼭 함께 시켜줘. 칡과 고춧가루를 비롯한 모든 식자재는 국내산을 사용했다고 해. 맛있는 칡국수와 감자전에 영월 좁쌀동동주를 곁들여 반주를 즐겨보는 것도 추천해.

ⓘ

📍 강원 영월군 김삿갓면 영월동로 1121-16   🕐 매일 11:00~19:00
📞 033-372-9014

Tong yeong

청량한 남해 바다 여행

바닷물만큼 놀거리가 많은, 통영

한반도 남쪽 끝에 육지보다 바다에 더 가까이 있는 경상남도 통영. 그래서 수도권 근처에 거주한다면 통영을 여행하기 위해서는 장시간 이동하는 것을 감안해야 해. 그렇지만 통영은 장거리 이동을 해서라도 굳이 가야 할 이유가 있는 곳이야. 청량한 남해바다는 물론이고, 맛있는 먹거리와 특색 있는 장소, 잠시 쉬어 갈 예쁜 카페가 많은 동네거든. 그럼 통영의 숨은 명소들을 찾아 떠나볼까?

콘텐츠 도움: 주말랭이 구독자 하리 랭랭 님

✦

바다를 보며 즐기는
조개구이

해미가

훤히 보이는 바다가 장관인 뷰 맛집 해미가. 멋진 바다
뷰만으로 올 이유가 충분하지만, 대표 메뉴인 조개구이도
정말 신선하고 맛있다고 해. 야외에 포장마차 같은 자리가
쭉 늘어서 있는데, 이곳이 바로 조개구이를 먹으면서 뷰를
즐길 수 있는 명당이야. 한 테이블당 하나의 포장마차로
분리되어 있어서 프라이빗하다는 것도 장점이야. 특히 해 질
녘에는 바다 위로 떨어지는 붉은 해와 노을 덕분에 분위기가
아늑해져. 포장마차 테이블은 항상 인기가 많은 편이니 미리
예약하는 게 좋겠어. 조개구이를 먹다가 조금 느끼해질 즈음
해물라면을 시켜봐. 얼큰 시원한 국물을 한 입만 떠먹어도
느끼함을 싹 잡아줄 테니 말이야.

ⓘ ··

📍 경남 통영시 도산면 남해안대로 1869 1층   토, 일 12:00~23:00 / 월 휴무
☎ 0507-1351-9965   ⓞ haemiga_tongyeong
🕐 화~금 16:00~23:00 /   🐾 반려동물 동반 가능

**해산물과 고기
둘 다 놓치기 싫다면**

돌마루

바닷가에서 해산물을 실컷 먹었다면 고기가 당기는 순간이 올 거야. 그렇지만 해산물도 포기할 수 없을 때 고기와 해산물을 둘 다 즐길 수 있는 돌마루로 가자. 이곳은 생삼겹+해물모둠을 단돈 15,000원에 제공하고 있어. 삼겹살만 주문 시 10,000원이지만, 5000원만 더 추가하면 전복, 새우, 가리비, 오징어, 순대까지 함께 즐길 수 있어. 고기와 해산물로 충분히 배를 채웠다면 마무리로 볶음밥은 필수! 볶음밥에는 치즈가 기본으로 들어가 있어. 너무 저렴하거나 한 식당에서 여러 가지 메뉴를 취급하는 경우 음식의 질이 떨어질 때가 많아서 걱정된다고? 네이버지도, 카카오맵, 블로그 등 다양한 후기에서 고기와 해산물 모두 신선하고 맛있다는 이야기로 가득해서 안 좋은 후기를 거의 찾아볼 수 없었어. 가격도 착한데 맛까지 있으니 항상 자리는 만석이야. 그러니 미리 예약하고 가는 걸 추천해.

ⓘ ....

📍 경남 통영시 미수해안로 82 1층
☎ 055-648-7430
🕐 화~일 17:00~22:00 / 월 휴무

🚶 통영대교를 따라 이어지는 길에 있어 식사 후 소화시킬 겸 멋진 야경을 보며 산책하기 좋아.

✦

울창한 정글에서의 휴식

통영동백
커피식물원

한국에 이런 곳이 있다는 게 놀라운 멋진 카페를 소개할게.
바로 통영동백커피식물원이야. 이곳은 식물원 겸 카페로
4,000평 규모의 온실에 커피나무숲이 조성되어 있고,
구아바, 바나나, 파인애플 등 다양한 아열대 식물이
자라고 있어. 그래서 한국에서 보지 못하는 열대 식물과
커피나무까지 직접 눈으로 볼 수 있지. 식물원으로 입장하는
순간 처음 보는 이국적인 식물들이 반겨줘. 성인 키를 훨씬
웃도는 식물 사이를 걷다 보면 마치 열대 우림 한가운데
있는 기분이 들어. 입장료는 10,000원으로 음료가 포함된
가격이야. 음료는 이곳에서 직접 재배한 파인애플로 만든
파인애플착즙주스와 에이드를 추천해.

ⓘ ···

📍 경남 통영시 도산면 남해안대로 2068-87
📞 055-645-9634

🕐 월, 수~일 11:00~18:00 / 화 휴무
🔗 tycc.imweb.me

맛있는 빵,
멋스러운 플레이팅
바이사이드

빵을 좋아하는 사람이라면 꼭 들러야 할 곳이 있어. 바로 베이커리로 유명한 바이사이드야. 이곳은 빵의 맛만큼이나 멋에도 진심이야. 빵을 주문하면 갓 구운 빵처럼 따뜻하게 데운 후 플레이팅을 해줘. 단순히 접시에 빵을 올려주는 정도의 플레이팅이 아니야. 내가 주문한 빵이 맞나 싶을 정도로 공들여 꾸며주거든. 가을에는 단풍잎으로, 겨울에는 크리스마스풍으로 데코하는 등 플레이팅에서 계절을 느낄 수 있어. 그리고 생크림, 버터, 과일 등 빵에 어울리는 여러 가니쉬가 올라가 더욱 풍성하게 빵을 즐길 수 있지. 보기 좋은 떡이 먹기도 좋다지만 이건 너무 예뻐서 먹기가 아까울 정도야. 이렇게 플레이팅을 정성스럽게 하다 보니 때때로 주문량이 많아지면 기다리는 시간이 길어지고는 해. 그렇지만 그 시간마저도 어떤 플레이팅이 나올지 기대하는 마음에 설렐 거야.

ⓘ ··

◉ 경남 통영시 항남1길 12 2층
☎ 010-3133-8661

◷ 매일 11:00~23:00
◉ by_side_coffee_pub

**빈티지 소품으로
가득한 카페**

마당

마당은 사장님이 태어나고 자란 120년이 넘은 일본식
적산가옥을 카페로 만든 곳이야. 사장님이 자란 곳이어서
그런지 공간에 대한 애정이 곳곳에서 느껴져. 카페에는
빈티지한 소품이 많은데, 사장님 어머니께서 하나하나
수집한 것들이라고 해. 소품숍보다 소품이 많은 카페라고
표현하면 딱 맞을 거야. 소품들과 정성스러운 인테리어
덕에 카페는 앤티크하고 따뜻한 분위기를 풍겨. 여름에
방문한다면 시즌 한정 메뉴인 마당옛날팥빙수를 꼭 맛보길
바라. 사장님이 직접 만든 국산팥앙금을 올려 적당히
달큼하고, 어릴 적 먹었던 추억의 팥빙수 맛을 느낄 수 있어.

ⓘ ···

📍 경남 통영시 세병로 17-11
☎ 0507-1322-4503
🕐 월, 화, 목~일 10:30~22:00 / 수 휴무
📷 madang2016

💬 카페 마당의 빈티지한 소품과 느낌이
좋았다면 도보 1분 거리에 있는 포에티크
소품숍도 함께 방문해봐. 사장님이 직접
그리고 만든, 특색 있는 소품을 구경할 수
있어.

✦

끝없는 오션 뷰로 바다멍

네르하21

스페인의 휴양지인 네르하를 본떠 만든 카페 네르하21. 카페 바로 앞에는 무한히 넓은 바다가 펼쳐져 있고, 외관이 온통 하얀색이어서 꼭 지중해에 머무는 느낌이 드는 곳이야. 바다를 향한 방면은 전체가 통창으로 되어 있어서 어디서든 시야 방해받지 않고 오션 뷰를 볼 수 있어. 야외에는 계단식 좌석과 거울샷을 찍을 수 있는 곳, 피크닉 세트가 세팅된 곳 등 곳곳에 멋진 포토존이 있으니 꼭 한번 둘러보자. 음료 가격이 일반 카페에 비해 비싼 편이지만, 멋진 뷰만으로 값어치를 한다는 후기들이 꽤 있어. 이곳에서 잔잔하고도 푸른 바다를 온전히 즐겨봐.

ⓘ

📍 경남 통영시 도산면 도산일주로 954
☎ 0507-1480-0196

🕐 매일 10:00~21:00
📷 cafe_nerja21_official

✦

**웅장한 건축미와
좋은 공연이 있는**

통영국제
음악당

통영이 유네스코에서 선정한 음악창의도시라는 걸 알고
있어? 그에 걸맞게 통영에는 세계적인 음악가들의 공연을
볼 수 있는 통영국제음악당이 있어. 눈을 사로잡는 웅장한
건물에 잘 가꾸어진 조경과 시원한 바다 뷰까지 갖춘 멋진
곳이지만, 현지인이 아닌 이상 잘 모르는 곳이야. 그 덕분에
이 멋진 곳을 전세 낸 것처럼 한가로이 둘러볼 수 있어. 매년
3월 말부터 4월 초까지는 국내외 정상 음악가들의 공연을
감상할 수 있는 통영국제음악제를 개최해. 축제 기간이
아니더라도 종종 수준 높은 공연이 열리는데, 무료이거나
20,000원대의 합리적인 가격이니 방문하기 전에
홈페이지에서 미리 공연 일정을 확인해봐.

ⓘ ⸱⸱⸱

📍 경남 통영시 큰발개1길 38
📞 055-650-0400

🔗 timf.org

💗 여행을 더 재미있게 해주는 채널들

이번 주말에 가볼 만한 곳을 알잘딱깔센 큐레이션해주는 뉴스레터, 주말랭이. 그리고 함께 보면 좋은 라이프스타일 뉴스레터와 로컬 큐레이터 인스타그램 채널들을 소개할게. 다음의 여행 정보 채널들과 함께 지도에 새로운 장소를 저장하는 재미를 느껴보자.

✦ 알아두면 쓸모있는 라이프스타일 뉴스레터

호텔 정보 샛별 배송
하포
🌐 haponewsletter.oopy.io
✉️ 격주 월요일 오전 7시
🎙️ 국내외 호텔과 관련된 A to Z 소식을 전해주는 뉴스레터

호텔은 지역의 랜드마크이자 문화, 시대의 트렌드를 보여주는 공간이기도 해. 하포는 호텔의 이러한 역할에 초점을 맞추어 라이프스타일 소식을 엮어내는 뉴스레터야. '호텔에서 이런 것도 해?'라는 생각이 들 만큼 다양하고 유익한 이야기를 들려주고 있어.

로컬 구석구석
페이퍼로컬
🌐 bit.ly/PaperLocal
✉️ 주 1회, 금요일
🎙️ 한눈에 보는 재미있고 다채로운 로컬 소식 뉴스레터

일주일에 딱 2곳만 선정해서 깊이 있게 소개하는 심플하지만 알찬 뉴스레터. 그리고 '이런 곳이 있었다니' 싶을 만한 로컬 장소 외에도 흩어져 있는 로컬 소식을 보기 좋게 한눈에 정리해줘.

맨날 가던 술집 말고
드링킷
🌐 page.stibee.com/archives/148567
✉️ 주 1회, 수요일 오전 9시
🎙️ 술은 좋지만 바bar는 어려운 사람들을 위한 뉴스레터

높은 접근성과 부담스럽지 않은 가격, 그럼에도 차별화된 분위기를 가진 바를 선별적으로 방문해 취재한다고 해. 직접 다녀온 장소를 소개하기에 공간의 매력을 더욱 풍부하게 전달해주는 점이 특징이지.

✦ 이 구역의 정보통은 바로 나, 로컬 큐레이터

서울 성수 교과서
제레의뚝섬살이

- ⓘ zele._.park
- ⦿ 서울 성수동

성수 백과사전이라고도 불리는 제레박 큐레이터. 동네에 대한 남다른 애정으로 좋은 공간을 소개해. 일반적인 맛집, 카페뿐만 아니라 새로운 공간 소식, 일요일 오전 10시에 오픈하는 카페 등 검색으로 찾기 어려운 콘텐츠로 가려운 부분을 시원하게 긁어주는 점이 특징이야.

광화문 직장인의 취향
서촌에디터

- ⓘ seochoneditor
- ⦿ 서울 서촌

SEOCHON EDITOR

서촌, 광화문, 종로, 을지로 근방의 맛집을 추천하는 로컬 큐레이터로 광화문 직장인들의 회식 장소 해결사. 광화문 광장 도보 15분 컷 소주 맛집은 물론, 테라스가 좋은 감성 베이커리나 삼각지의 힙한 바 등을 소개해줘.

배민 직장인이 운영하는
맛탐방꾼

- ⓘ mat_explorer
- ⦿ 서울 용산, 해방촌, 잠실

본업은 배달의민족 BD이지만 KBS <나는 남자다> 주당 특집에 출연하고 배낭여행자, 조주기능사, 전통주 소믈리에와 같이 넘치는 재능을 소유하고 있는 큐레이터로 전국의 맛집을 추천해줘.

부산은 부산은행이 제일 잘 안다
고메부산

- ⓘ gomebusan
- ⦿ 부산

GOURMET BUSAN

BNK부산은행에서 소개하는 부산 로컬 맛집과 카페라는 신선한 콘셉트의 계정으로 광고 없이 운영되는 것이 특징이야. 은행 이미지와 다르게 참신하고 힙한 콘텐츠에 부산 젊은 친구들에게 인기를 얻고 있어.

강릉 생생정보통
강릉일기

강릉일기

- ⓘ gangneungilgi
- ⦿ 강원도 강릉

누구나 다 아는 강릉 유명 맛집 말고 새로운 곳을 원한다면 현지인의 일기장을 구경해보자. 강릉에 사는 현지인이 강릉 맛집, 카페, 소품숍 등을 다니며 공유하는 일기 계정으로 주 5회 이상 포스팅이 활발해서 구경하는 재미가 있어.

전국 김밥 여행
김밥집

- ⓘ gimbapzip
- ⦿ 전국

전국김밥일주

세계적인 김밥 전문가가 되는 그날까지 세상 모든 김밥을 다 먹어보겠다는 의지로 전국 김밥 일주 중인 김밥 덕후. 전국 곳곳 김밥이 있는 곳이라면 어디든 달려가 김밥 후기를 들려줘. 객관적인 리뷰를 위해 협찬은 일절 받지 않는 점이 특징이며 김밥 덕후들을 위한 커뮤니티 '김밥 순례'를 운영 중이야.

🤟 주말랭이 노션 템플릿

매년 새로운 장소에 가보면서 경험의 지평을 조금씩 늘리고 있는 우리.
그동안 내가 다녀온 장소와 평소에 가보고 싶어서 모아둔 곳들을 한곳에 모아
보기 좋게 기록할 수 있다면 얼마나 편리할까? 게다가 리뷰와 평점을 남길 수
있는 보물지도 같은 공간까지 있다면?
주말을 좀 더 풍부하게 기록할 수 있도록 주말랭이가 노션Notion 템플릿을
무료로 제공할게. 노션은 업무뿐만 아니라 일상을 쉽고 깔끔하게 정리할
수 있는 생산성 도구로 많은 이들에게 사랑받고 있어. 노션이 처음이라도
괜찮아. A부터 Z까지 쉽게 따라할 수 있도록 가이드를 준비했거든.
예를 들어 '나만의 주말 지도 만들기'의 경우, 지도에 저장된 장소를 지역별,
카테고리별로 모아 정리하고, 리뷰와 방문일자를 남기며 나만의 명예의
전당을 완성할 수 있어. 소중한 주말 추억을 차곡차곡 담다 보면 어느새
근사한 나만의 여행 홈페이지가 되어 있을 거야.

> ### 노션 템플릿 다운로드 방법
> ❶ 주말랭이 홈페이지에 가입 후
>   굿즈 메뉴에 들어간다.
>   (onemoreweekend.co.kr)
> ❷ 쿠폰번호를 입력한다.
>   (쿠폰번호: WEEKEND)
> ❸ 무료로 다운로드 받는다.

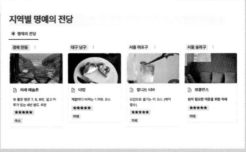

Index

기념일에 더 행복한 곳

페이지스

music
Place

뷰클린즈

rest
in
city

picnic spot

유피포르

with
my self

수플라프트아

weekend

원님사피카백동영통

Image Copyright

🐷 업체 제공

10월19일 • WE호텔 • 가고픈흙집 •
가든어스 • 강모집 • 강아지숲 •
강원네이처로드+한국관광개발연구원 •
강정이념치는집 • 개항로통닭 • 개항면 •
갤러리더스퀘어 • 고가원 • 고요산책 • 고운동천 •
고운재 • 광안리남매 • 구디가든 • 구하우스미술관 •
국립세종수목원 • 국립한글박물관 •
그랜마하우스 • 그레이랩 • 금남정 • 기후 •
꽃비원홈앤키친 • 꽃신민박 • 꽃차카페고은 • 꾸옥 •
네르하21 • 노마드맵 • 녹색시간 • 농가의식탁 •
늘보의작업실 • 단비책방 • 담장옆에국화꽃CCOT •
더노벰버라운지 • 더반올가닉 • 더웨이브 •
더캄 • 더커먼 • 동주책방 • 디데이원 •
디도재즈라운지 • 러블리위크데이 • 레이지파머스 •
로컬릿 • 로컬스티치크리에이터타운 을지로점 •
루노스탈지크 • 르꼬따쥬 • 리홀뮤직갤러리 •
마당 • 마이너스윙 • 마이시크릿덴 • 망중한커피앤티 •
맨홀커피 • 메가박스삼천포 •
메리어트이그제큐티브아파트먼트서울 •
모코모코스튜디오 • 모티프원 • 무럭무럭스토어 •
문지리535 • 문화시민서울 • 문화재청 덕수궁(덕수궁
석조전 대한제국역사관) • 미 : 영_다정하고따뜻한집 •
미메시스아트뮤지엄 • 밀미 • 바이사이드 • 바참 •
바티칸 • 배꽃길61 • 베드라디오 도두봉점 •
벽초지수목원 • 별책부록 • 보안스테이 • 뷰클런즈 •
블루밀 • 비채커피 • 비푸머스 • 사유원 • 산수인 •
서울상상나라 • 서울식물원 • 서울아트책보고 •
선생조고매 • 세빛섬튜브스터 • 소풍 •
수생식물학습원 • 숙희 • 술로우 • 스웨덴피크닉 •
스탠딩바건기 • 스테이늘랑 • 스파1899 •
슬런킷팩토리 • 슬로우파마씨 • 시몬스테라스 • 심야 •
심야의숲 • 썸원스페이지숲 • 아르카북스북스테이 •
아르프 • 아우프글렛 • 아이홉맥주공방 •
아트나인&잇나인 • 알디프 • 앤드모안 • 어쩌다농부 •
어쩌다세상 • 에이엔디클라우드 • 엘리펀트플라잉 •
여여로 • 연앙정원 • 열화당책박물관 • 오농 •
오므오트 • 오프컬리 • 오피스제주 사계점 •
올디스하우스 • 옵-젵상가 • 옹그릭 • 왓위원트 •
왕궁포레스트 • 우도올레보트 • 우연히설렘 • 웅차 •
워카이브 • 위크엔더스 • 윰 • 이루라책방북스테이 •
이집트경양식 • 이함캠퍼스 • 이후북스테이 •
인디문학1호점 • 인천맥주 • 인천중구문화재단 •

인현골방 • 일광전구라이트하우스 • 일일호일 •
장산리밭가운데집 • 전영진어가 • 전통주갤러리 •
점점점점점점 • 제주도립김창열미술관 • 조인폴리아 •
지금의세상 • 지례예술촌 • 차덕분 • 차완 •
천년동안도 • 천리포수목원 • 최인아책방 •
춘천일기&춘천일기스테이 • 취다선리조트 •
카모메그림책방 • 카페만디 • 카페웰콤 •
코트야드메리어트서울보타닉파크 • 쿨쉽 •
크라임씬카페퍼즐팩토리 • 크로프트커피 •
타조메롱 • 토토아뜰리에 • 통영국제음악당 •
통영동백커피식물원 • 트리하우스 • 티카페예원 •
파크로쉬리조트앤웰니스 • 팟알 • 페이지스 •
페인트래빗 • 펠른 • 펫다이닝맘마 •
평사리그집 • 포리스트키친 • 포코아 •
폼페트 • 풍사나랑 • 프란로칼 • 프루떼 •
프루토프루타 • 플래닛랩by아워플래닛 •
하다책숙소 • 한국관광공사사진갤러리-
IR스튜디오(별마로천문대, 청령포) •
한국관광공사사진갤러리-강원지사(화암동굴,
휴휴암) • 한국관광공사사진갤러리-강원지사-
모먼트스튜디오(별마로천문대, 안반데기,
환선굴) • 한국관광공사사진갤러리-
김지호(환선굴) • 한국관광공사사진갤러리-
두잇컴퍼니 이현엽(속삭이는자작나무숲) •
한국관광공사사진갤러리-라이브스튜디오(수원화성) •
한국관광공사사진갤러리-마이픽쳐스(선암마을,
청령포) • 한국관광공사사진갤러리-민옥선(장태산
자연휴양림) • 한국관광공사사진갤러리-
박기주(창덕궁 후원) • 한국관광공사사진갤러리-
설악산입구(강원네이처로드) •
한국관광공사사진갤러리-송재근(우일선교사사택,
의림지, 장태산 자연휴양림, 청라언덕) •
한국관광공사사진갤러리-오도연(수원화성) •
한국관광공사사진갤러리-우제용(장태산 자연휴양림) •
한국관광공사사진갤러리-유영복(덕유산) •
한국관광공사사진갤러리-이범수(강촌레일파크,
국립한글박물관, 덕수궁 석조전 대한제국역사관,
덕유산, 창덕궁 후원) • 한국관광공사사진갤러리-
이현우(수원화성) • 한국관광공사사진갤러리-
전형준(창덕궁 후원) • 해담마을휴양지 • 해미가 •
해이담커피 • 향인정 • 허밍그린 • 헵시바극장 •
현대모터스튜디오 • 후암거실 • 후암별채 • 흐름

👆 개인 제공

@0._.pict(예스파크) •
@20031201_fipa(돌마루) •
@a_l_s_i_r_1002(유민미술관) •
@amyhands_bighands(서부아침시장) •
@b.o.d_mood(강촌레일파크) •
@bb_table_talker97(의림지) •
@bbise_(도곡별장) •
@blossom_918(우짜우우동짜장) •
@bobostory.jeju(1100고지습지) •
@c_ssseung(선암마을) •
@chae.hun.mom(어린이창의교육관) •
@chaeyoee(코난해변) •
@ddolbaengi(서부아침시장) •
@dongjun1970(서부아침시장) •
@eerieraspberry(악마의 버스) •
@emotional_photo_(강천섬유원지) •
@ggoggodack2018(강원토속식당) •
@grace_mj_aurora(튤립 구근 기르기) •
@hani_823(서울식물원) •
@hayoung_y.e.d(강원토속식당) •
@heffyend1980(우짜우우동짜장) •
@hi_bb_o(크라임씬카페퍼즐팩토리) •
@hi_midan(주천묵집) •
@hongyoshi(튤립 구근 기르기) •
@hyeonjeong_and(속삭이는자작나무숲) •
@hyesameee(설봉공원) •
@im__hanwool(어린이창의교육관) •
@im__hanwool(어린이창의교육관) •
@imbboim(주천묵집) • @jinheecco(호운) •
@joy_hk(당신은 사건 현장에 있습니다) •
@jung_ahh_bbo(멍비치) • @jy_marine(디퍼
툴킷) • @kirimiming(아이콕스 리얼
탈출북) • @kkanbi._._(태기산) •
@kwondh27(화담숲) • @leeee.z1(대한극장
'씨네가든') • @lenanzee(이월드) •
@lshpjb(바이나흐튼크리스마스박물관) •
@mapperho(대한극장 '씨네가든') •
@minpur_ple(예스파크) •
@mkmkmk1028(북한산 우이령길) •
@moon_jisoo73(돌마루) •
@moongchida(멍비치) •
@my._.little.forest(무럭무럭 키트) •

@mymypoodle(펫다이닝맘마) •
@pearldiver6070(여수레일바이크) •
@pic_sony_gh(미인폭포) •
@romantik_luv(에무시네마) •
@shabangmom(초원오리농장) •
@sji_young__0530(소울보이) •
@so__nni__1_(이월드) • @sohn_34(디히랑) •
@sseulkichoi0708(소울보이) •
@ssu_nyyyy(도곡별장) •
@starhamlet(원앙폭포) •
@suede0203(1100고지습지) •
@sunny__monica(두물머리) •
@sw_park1(민항할매닭집) • @talktoshin(북한산
우이령길) • @tasty_life.d(호운) •
@tasty_life_s2(민항할매닭집) •
@the_voyager141(디퍼 툴킷) •
@tlstjddnr6(병지방계곡) •
@tomlee_food(디히랑) •
@totenlahuong(국립한글박물관) •
@ujatea_(파크로쉬리조트앤웰니스) •
@umjjini_toy(당신은 사건 현장에 있습니다) •
@vincollector.kr(의림지) •
@wanihyuni_travel_diary(포천산정호수) •
@woogi.feel(코난해변) •
@yongsei_daniel_lee(두물머리) •
@yuri____sz(여수레일바이크) •
blog.naver.com/qhdnjsl88(우짜우우동짜장) •
blog.naver.com/winevling(디히랑) •
studio643-Sung Lee(지평집) • 박영태(지평집) •
홍기웅(무위의공간)

@: 인스타그램

343

여기 가려고 주말을 기다렸어

초판 1쇄 인쇄 2023년 5월 4일
초판 7쇄 발행 2023년 6월 22일

지은이 주말랭이
펴낸이 이경희

펴낸곳 빅피시
출판등록 2021년 4월 6일 제2021-000115호
주소 서울시 마포구 월드컵북로 402, KGIT 16층 1601-1호